国家自然科学基金资助研究

中央高校基本科研业务费资助研究

三 峡 工 程

地下电站厂房岩石块体研究

夏露　李茂华　陈又华　于青春　著

中国水利水电出版社

www.waterpub.com.cn

内 容 提 要

　　本书研究以三峡右岸地下电站开挖为工程背景，以一般块体理论为理论基础，采用块体分析软件 GeneralBlock，建立了地下厂房三维岩石块体模型，对三峡工程地下电站洞室顶拱和尾水渠边坡的岩石进行块体识别和稳定性分析。本书内容为：第 1 章概括性地描述了研究的背景、内容和意义；第 2 章介绍了本书采用的理论和在此基础上开发的软件；第 3 章分析了三峡工程地下电站的工程概况，对地下电站洞室顶拱和尾水渠边坡的岩石块体进行块体识别和稳定性分析；第 4 章量化了三峡地下电站厂房岩体可以被视为孤立块体体系的程度。

　　本书可作为大专院校水利工程、水文地质和水环境专业的师生学习的参考书，也可作为有关科技工作人员的参考书。

图书在版编目（CIP）数据

三峡工程地下电站厂房岩石块体研究 / 夏露等著
. -- 北京 ：中国水利水电出版社，2015.8
　ISBN 978 - 7 - 5170 - 3760 - 6

　Ⅰ. ①三… Ⅱ. ①夏… Ⅲ. ①三峡水利工程—地下水电站—水电站厂房—岩石—建筑材料—研究 Ⅳ. ①TV731.6②TV4

　中国版本图书馆 CIP 数据核字（2015）第 250585 号

书　　名	**三峡工程地下电站厂房岩石块体研究**
作　　者	夏露　李茂华　陈又华　于青春　著
出版发行	中国水利水电出版社
	（北京市海淀区玉渊潭南路 1 号 D 座　100038）
	网址：www. waterpub. com. cn
	E - mail：sales@waterpub. com. cn
	电话：（010）68367658（发行部）
经　　售	北京科水图书销售中心（零售）
	电话：（010）88383994、63202643、68545874
	全国各地新华书店和相关出版物销售网点
排　　版	中国水利水电出版社微机排版中心
印　　刷	北京嘉恒彩色印刷有限责任公司
规　　格	184mm×260mm　16 开本　7 印张　115 千字
版　　次	2015 年 8 月第 1 版　2015 年 8 月第 1 次印刷
印　　数	0001—1000 册
定　　价	**30. 00 元**

序

举世瞩目的三峡工程为许多学科理论提供了发展和应用的舞台。这些学科包括本书作者们多年苦心钻研的岩石力学块体理论。

三峡工程地下厂房硐室的跨度、高度、长度和装机容量居当时世界前列，双线五级连续船闸的岩石高陡边坡的规模居世界之首。工程区的花岗岩经历了八亿多年地壳运动的作用，被无数不同方向和尺度的断层、裂隙等不连续面切割，在厂房硐室顶拱、高边墙及船闸直立坡中形成大小、形状不一的岩石块体，大者达数万立方米。在工程开挖过程中，这些块体如不超前预测和及时处理，就可能变形、失稳甚至突然塌落，无论在电站施工期或运营期，都将酿成难以想象的灾难。

但是，块体的超前预测和分析是工程界存在已久的难题。这项工作包括：如何根据有限的结构面统计几何数据预测尚未揭露的硐室边界上不稳定块体的形状、大小和数量，估算开挖面的安全性和支护工程量（特别是锚索、锚杆的长度、间距、长度和抗拉力），优化开挖和支护方案，最后在施工动态过程中，根据已部分揭露出来的结构面实测数据快速准确地识别不稳定块体，确定其空间位置、几何形状和规模，提出合理的支护方案。正是由于作者此项研究的意义，三次得到国家自然科学基金资助。这一问题在作者多年的努力下得到了较好的解决。

涉及岩体的问题，无论理论分析还是实际工程，都需要确定将岩体视为连续介质还是孤立块体体系，这两者有着很大区别。有些模型把岩体处理成连续介质，有些模型把岩体处理成块体集合体。岩体是否以及在多大程度上可被看作是块体集合体，这不仅是一个模型处理方法的问题，也是一个涉及对岩体本质特征认识的基础问题。在本书中，作者提出了块体化程度的概念，为岩体在多大程度上可以被看作"块体的集合体"问题提供定量依据。作者依据国际岩石力学协会对裂隙间距和延展性的分级构造了35种"理想"岩体进行块体化程度计算，与三峡地下电站厂房实际岩体的块体化程度进行对比分析，两者结果相一致。岩体块体化程度的概念对今后各种岩体结构完整性的预测有很好的指导意义，能为量化各工程研究区岩体整体质量提供参考。在研究三峡坝区岩体的过程中，作者们研制开发了 GeneralBlock 软件。这是一个非常优秀的软件，集块体识别、稳定分析、加固辅助设计功能于一体，既可以对岩体裂隙进行随机模拟，然后进行随机块体分析，也可以在裂隙已知的条件下进行确定性块体分析。这一软件在处理三峡工程右岸地下电站厂房围岩块体时发挥了很好的作用。相信作者的研究成果会得到越来越广泛的应用。

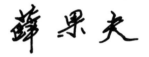

2015 年 4 月 24 日于北京

前　言

　　三峡工程坝区岩体为坚硬的花岗岩，坝区主要建筑物的围岩的整体稳定性很少遭到质疑，但岩体局部稳定性一直是工程技术人员非常关心的问题。作者们在三峡工作期间，一直致力于岩石块体的理论和实际研究，并将两者相结合，为各工程研究区岩体整体质量提供参考。

　　本书的研究以三峡右岸地下电站开挖为工程背景，以一般块体理论为理论基础，采用块体分析软件 GeneralBlock，建立地下厂房三维岩石块体模型，对三峡工程地下电站硐室顶拱和尾水渠边坡的岩石进行块体识别和稳定性分析。根据块体识别和分析结果，并考虑各块体内的组合形式，设计、施工了相应的预应力锚索或锚杆加固处理，对锚杆、锚索和块体进行了系统的监测。监测结果表明，块体变形控制在 2mm 以内，锚杆应力和锚索应力损失率保持稳定，锚固效果良好。

　　书中分析了三峡地下电站厂房岩体的块体化程度，计算了地下电站厂房岩体可以看作孤立块体体系的程度。根据三峡地下电站厂房岩体的实测裂隙，通过递建模方法建立了地下电站主厂房的三维裂隙网络模型，并进行了块体识别及分析。结果表明地下电站主厂房围岩的块体化程度为 4‰，岩体的整体质量非常好，块体在岩体中只是偶然现象，块体的总体积在整个岩体中只占很小的比例，岩体呈连续介质状态，围岩的稳定性较好。地下电站厂房开挖施工的实际情况印证了这一结论，开挖过程中发现，由随机裂隙形成的块体是很少的。

　　根据国际岩石力学学会对裂隙密度和延展性的分级，把裂隙岩体分为 35 种。对这 35 种理想岩体进行块体分析，计算了这 35 种岩体的块体化程度，并对每种结构的每个研究范围进行了多次随机实现。详细讨论了这 35 种岩体结构的块体化程度随着模型范围变化的波动情况，从块体化程度的角度对表征单元体的尺寸进行了讨论。结果表明表征单元体的尺寸在 4～12 倍间距之间，不超过 12 倍间距。

35 种理想岩体结构的块体化程度计算表明，中等长度很宽间距裂隙岩体的块体化程度很低。而三峡地下电站主厂房围岩裂隙为中等长度很宽间距，计算表明其块体化程度接近于 4‰，二者的计算结论相一致。

本书中展现给读者的是作者们在这几年来，对三峡工程地下电站厂房岩石块体的研究。本书第 1 章概括性地描述了研究的背景、内容和意义。第 2 章介绍了本书采用的理论和在此基础上开发的软件。第 3 章分析了三峡工程地下电站的工程概况，对地下电站硐室顶拱和尾水渠边坡的岩石块体进行块体识别和稳定性分析。第 4 章量化了三峡地下电站厂房岩体可以被视为孤立块体体系的程度。

本书的研究工作，得到了长江水利委员会三峡地质大队赵克全主任、王德阳主任、周小毛工程师、张建兵工程师等的关心与帮助，得到满作武院长的宝贵意见，得到岩体裂隙课题组王晓明、刘晓非、郑银河、张成等博士的大力支持。在此表示衷心感谢！

由于作者水平有限，书中不足与错误之处在所难免，恳请各位读者批评指正，在此表示诚挚的谢意！

作　者
2014 年 12 月

目　　录

第1章 研究概况

我国幅员辽阔，地质条件错综复杂，尤其是埋藏于地下的结构，我们不可能完全认识其特性，因此在设计、施工过程中有着很大的困难。过去，在地下工程中遇到岩石工程问题，多凭经验解决。但是随着工程条件的日益复杂性，单凭经验越来越难以解决实际问题。随着我国经济的高速发展，一些水利、交通、能源等工程建设规模逐渐扩大，岩石工程问题，如边坡、坝基、地下硐室等工程岩体的稳定性研究越来越受到重视。深入研究岩体稳定性，分析岩体结构完整性，已迫切成为岩石力学研究的重要课题，具有重要的工程意义及社会发展意义。

地质工程中各种岩体如边坡、坝基、地下硐室等，被结构面切割形成各种类型的空间镶嵌块体，在天然状态下，这些块体处于静力平衡状态。当进行边坡、地下硐室等人工开挖，或对岩体施加新的荷载时，岩体中存在的不连续面与施工开挖面形成不同规模的岩石块体，失去原有的静力平衡状态。这些块体可能失稳或垮落，甚至产生连锁反应，既破坏围岩的完整性和整个岩体工程稳定性，也对施工及其后的工程运营过程中造成灾害。因而研究这些块体的形成破坏机制及加固处理措施是有必要的。

三峡工程是当今世界最大的水利枢纽工程，许多方面突破了水利工程的世界纪录。工程于1993年开始施工准备，1994年底正式开工（薛果夫，2008）。开工以来，工程生产中的安全问题一直受到国内科研人员与工程技术人员的高度重视。一旦在大跨度的地下硐室等地下结构发生冒顶、垮塌恶性事故，后果将极其严重，因此，块体的稳定性研究一直是三峡工程中的重要课题。坝区岩体为坚硬的花岗岩，坝区主要建筑物如船闸和地下发电厂房等大型岩体建筑物的围岩的整体稳定性很少遭到质疑。但岩体局部稳定性一直是工程技术人员非常关心的问题。设计阶段如何根据已掌握的裂隙数据对施工过程中可能出现的不稳定岩石块体的数量、规模、形状等进行预测，对不同开挖面的安全性及支护工程的工作量，如所需锚杆和锚索的长度、数量等进行估算，进一步优化开挖和锚固支护设计方案；施工过程中如何根据实测的裂隙快速准确地识别出不稳定块体，确定块体的空间位置、几何形状和规模从而进行及时合理的支护是三峡工程中的难题之一（刘晓非，2009）。

　　三峡工程中永久船闸和地下电站厂房岩体开挖规模之大乃世界罕见，开挖过程中需要锚固的不稳定岩石块体数量非常大。图 1.1 显示了船闸施工开挖时的情景，三峡工程永久船闸为双线五级船闸，施工中开挖形成的边坡，长度达到 1700m 以上，最大高度超过 130m。图 1.2 显示了船闸开挖过程中发生某一巨型块体的垮落，块体体积为 1000m³，垮落块体高程为 92～120m，对施工造成了很大的影响。图 1.3 显示了地下电站硐室跨度大、边墙高，形成的临空边界宽大，易出现较大规模的块体。因此，在地下硐室等地下工程研究中，块体稳定性分析是研究地下工程围岩整体稳定性研究的一项重要的内容，有关三峡地下电站岩石块体的研究在工程中一直受到格外重视。

图 1.1　三峡工程永久船闸开挖施工现场

图 1.2　船闸开挖过程中的一处块体垮落

图 1.3　三峡工程地下电站硐室

　　工程开挖至今，国内不少学者对三峡工程边坡整体的稳定性、变形和局部稳定问题作了深入分析与评价。石安池等（1996）概括地论述了三峡水利枢纽工程永久船闸高边坡岩体地质条件、边坡一期开挖后的破坏块体及其分布规律，边坡岩体松弛特征，并以此为基础对边坡块体破坏机制和加固措施作了分析；张子新等（1998）把随机概率模型引入分形块体理论，研究了三峡高边坡关键分形块体的滑落概率和分形块体的大小及其分布密度，为三峡高边坡加固提供了理论依据；邹俊（2000）具体介绍了三峡永久船闸边坡不稳定块体的支护措施；殷跃平（2005）系统研究了三峡库区边坡结构类型，并对典型边坡开挖前后变形破坏过程进行了研究。

　　2004年底，三峡地下电站土建工程开工。不少学者对三峡地下电站块体稳定性进行了研究。肖诗荣等（2000）对地下厂房下游边墙存在的四个大型块体采用刚体极限平衡方法进行了分析计算；黄正加等（2001）应用块体理论对三峡地下厂房围岩裂隙随机块体及大型断层定位和三峡船闸高边坡块体进行了分析；盛谦等（2002）应用块体理论、正交设计方法对三峡地下厂房围岩中可能形成的随机块体类型、几何特征与稳定性进行了分析；王家祥（2007）结合关键块体理论及立体几何学基本理论，从块体空间几何构成结合变形破坏方式，将三峡地下电站主厂房硐室顶拱块体模式归纳为3种基本模式共12种典型的基本单体和组合块体模型，并总结出块体加固的基本对策。

　　综合以上研究背景和国内科研人员与工程技术人员的研究现状分析，本书将以一般块体方法为理论基础，通过GeneralBlock软件（Xia等，2015；Zheng等，2015），建立地下厂房三维岩石模型（夏露，2011），对三峡工程地下电站硐室顶拱和尾水渠边坡的岩石进行块体识别和稳定性分析，并从块体化程度的角度（夏露，2010；Xia等，2015）对三峡地下电站厂房岩体的完整性进行系统分析，得出三峡地下电站岩体块体化程度。在模型建立的过程中，模型范围选取引入了岩体表征单元体这一基本问题，提出了用岩体块体百分比确定岩体REV的方法，对各种岩体的REV进行了讨论。

　　本书的主要研究内容及总体思路如下：

　　第1章，从三峡工程右岸地下电站厂房的实际工程现状出发，引出块体稳定性研究的重要性和必要性；介绍了目前国内三峡工程岩石块体的研究现状；提出本书的主要内容是三峡工程地下厂房岩石块体的研究。

第 2 章，介绍了块体理论的产生、发展，说明其主要任务和三大基本研究内容，以及目前国内外块体理论研究进展和不足之处；提出本书采用的理论基础"一般块体方法"，并详细介绍了以此理论为基础开发的 GeneralBlock 软件基本分析过程。

第 3 章，介绍了三峡地下电站厂房区的工程概况，从地形地貌、地层岩性、断裂构造、岩体结构以及围岩类型等几方面介绍了地下电站厂房区的基本工程地质条件；建立了三维岩石块体模型，对厂房顶拱和尾水边坡进行了块体识别和稳定性分析，并考虑各块体内的组合形式，设计、施工了相应的预应力锚索或锚杆加固处理方案，并对锚杆、锚索和块体进行了系统监测。

第 4 章，根据国际岩石力学学会的裂隙分级，建立了 35 种岩体结构模型，并对这 35 种岩体进行了块体分析，分别讨论了这 35 种岩体结构的块体化程度随着模型范围变化的波动情况，得出各模型的表征单元体（REV）值。根据三峡地下电站厂房岩体的实测裂隙，通过逆建模建立地下电站厂房的三维裂隙网络模型，并进行块体分析，得出地下电站主厂房围岩的块体化程度，并与 35 种岩体结构的块体化程度进行比较分析。

书中采用的 GeneralBlock 软件是由中国地质大学（北京）与长江三峡勘测研究院有限公司联合开发。书中首次提出块体化程度的概念，既而量化三峡地下电站的岩体可以被视为孤立块体体系的程度，并从岩体块体化程度的角度对表征单元体的存在性进行了系统的分析，岩体结构模型块体化程度的计算分析对未来各种岩体结构完整性的预测有很好的指导意义，能对量化各工程研究区岩体整体质量提供参考。

第2章 岩石块体识别及稳定性分析理论

2.1 块体理论研究进展

岩体中存在的不连续面，也称为裂隙、结构面、节理，与施工开挖面形成不同规模的岩石块体，这些块体的失稳或垮落，既破坏岩体的完整性和整个岩体工程的稳定性，也常常在施工及其后的工程运营过程中造成各种灾害。对岩石块体稳定性的研究，可为工程规划、开挖、支护、监测等设计提供可靠的依据，为工程建设服务。

块体理论就是针对岩体在结构面切割下的稳定性问题进行研究的，主要包括三个基本研究内容：①块体识别问题；②块体运动学可移动性问题；③块体力学稳定性分析问题。

块体识别是块体理论解决实际问题的第一步。在已知研究范围岩体、露头面、岩体裂隙几何参数的条件下找出每一个独立的岩石块体，确定其空间位置、规模、几何形状等，为进一步分析块体以及岩体的稳定性做好准备。块体识别最终给出每个块体的几何定义。目前，三维块体一般是通过表面描述的方法进行定义的，即一个三维的块体由其表面多边形进行描述，每个多边形由其顺序排列的顶点进行定义，而每个顶点由其三维空间坐标确定。

块体之间是有区别的，有些块体是可能运动的，而有些块体由于周围岩体的限制在周围岩体发生移动之前是不可能运动的。由于大多数岩体未扰动时岩块本身的强度都是比较高的，块体理论中一般把岩石块体看作刚体，不考虑块体本身的破坏，块体的可移动性完全由其几何特征决定。这样，只有可移动块体才可能失稳。块体的可移动性分析最终给出每个块体是否可移动的结论。对于可移动块体一般能给出块体的可移动方向。因为块体一般被假设为刚体，而且块体的旋转运动一般被忽略，这样整个块体的所有点的运动方向都可以用一个统一的矢量进行描述。在实际中往往可以归结为块体沿某一个裂隙面的滑落线方向（倾斜线）或某两个裂隙的共同方向（即交线方向）滑动，这时可移动性分析给出作为块体滑动面的裂隙面。

块体的稳定性分析一般是在已知块体的几何参数和结构面的力学参数的情况下确定块体的稳定性。一般用稳定性系数描述块体的稳定程度，如果一个块体的稳定系数超过某个规定值称这个块体是稳定的，否则称为不稳定的。这个规定值主要取决于块体失稳给人类带来损失的大小，如果块体失稳给人类造成灾难性后果，则这个值便会被取得很高。理论上，稳定系数大于1.0 的块体是稳定的，小于 1.0 的块体是不稳定的。

块体理论（Block Theory）的理论基础是由 Goodman 与石根华和 Warburton 奠定的。Lin、Fairhurst 和 Starfield 也对理论的发展做出了很大贡献。块体理论及其在工程中的应用一直受到国内外科研人员与工程技术人员的重视。

石根华（1977）发表了《岩体稳定分析的赤平投影方法》，可认为是块体理论的雏形，之后在 1981 年和 1982 年又发表了相关文献。1982 年，Goodman 和石根华创立了关键块体理论，标志着块体理论基本成熟，随着国内外学者的深入认识和研究，块体理论日益被广泛接受。关键块体理论在块体识别方面提出了有限性定理，可移动方面有可移动性定理，是岩石块体理论的最成熟部分。关键块体理论建立在以下四个假设条件基础上：

（1）所有的不连续面为严格的平面状。把不连续面假设为平面，这样所有的块体为多面体，块体的面、棱以及稳定分析中的滑动方向可以用一次的平面或矢量进行描述。

（2）所有裂隙切穿整个研究领域。即假设裂隙无限大，所有块体都由已经存在的结构面完全定义，不考虑块体破裂形成新块体面的可能性和裂隙面的形状。

（3）岩石块体是刚体。即不考虑块体内部的变形，这样块体能否移动，可能在哪个方向移动完全由块体的几何形状决定。

（4）不连续面和开挖面是已知的输入参数。如果一组内裂隙的方向是变动的，则取其平均值做代表。

20 世纪 80 年代初期，Warburton（1981）提出了块体可移动性的矢量方法。矢量法的假设条件是：块体是自由面和裂隙面完全圈闭的多面体，块体可以是凹形的，可以包含有任意一个自由面。块体被假设为刚体，同时不考虑块体的旋转运动。这样，可以用一个唯一的矢量来描述块体中任意一点的运动方向。但是，矢量法的缺陷是未能考虑块体的转动，而且假设块体的形状是已知的，只处理可移动性问题，并不解决块体识别问题。

Lin、Fairhurst 和 Starfield（1987）最早提出了有限大小结构面形成的块体的识别问题，并提出了最左侧绕行法（leftmost traverse）。Lin 等（1988）的研究开创了寻找块体的新思路，并讨论了包括转动在内的块体运动模式的判断方法和稳定性分析。

Ikegawa 和 Hudson（1992）、Jing（1994）和 Stephansson（2000）改进了二维块体的基于拓扑的搜索算法，探索了有限尺寸平面切割岩体形成块体几何描述的方法；Hoerger（1998）应用随机及确定性模型分析研究了地下开挖工程中的关键块体；Kuszmaul（1999）一直在研究如何估计地下开挖工程中关键块体的大小，并提出了若干方法，如节理间距估计法、数值分析法和随机模型统计法等。

在应用方面，除了将块体理论在边坡和硐室的应用外（Jesse 等，1986；Lee 等，2000；Hatzor 等，2003），也将块体理论应用于坝基稳定性分析中，如文献 Kottenstette（1997）和 Goodman 等（2003），关于块体理论在坝基与坝肩岩体稳定性分析的应用，国内开展得很少。

早期，在国内块体理论主要集中在理解和应用上。刘锦华（1988）是较早对块体理论进行全面介绍的学者，促进了块体理论在中国的推广。其他学者也陆续发表文章详细介绍了块体理论的产生、发展、及其主要内容（董学晟，1987；缪协兴，1989；陈乃明等，1993）。关于块体理论在边坡、硐室等工程中的应用，王思敬等（1984）较早应用块体理论的矢量分析法对地下工程围岩块体进行了分析研究；方玉树（1988）应用赤平投影方法分析了地下工程围岩中的块体稳定性；周维恒等（1989）应用矢量分析法分析研究了隧道围岩的块体稳定性问题；李爱兵（1989）应用块体理论分析了铜录山矿边坡的块体稳定性。

近几年以来，不少学者对块体理论进行了较深入的研究，并在工程应用范围上进行了拓展。比如，张菊明等（1997）从数学力学分析方法入手，得到了更为合理的块体稳定性评价方法；汪卫明等（1998）在矢体概念的基础上研究三维岩石块体系统的自动识别方法；许强等（2001）对石根华等人提出的块体理论作了改进和完善，提出了复杂形态块体几何建模的"切割法"，并基于 Windows 操作平台，开发了边坡岩体块体稳定性分析程序（SASW）；张奇华等（2007）基于拓扑学有关原理及有关文献，拓展"有向性"原理并提出"封闭性"原理，形成全空间块体拓扑搜索的一般方法；殷德胜等（2008）运用蒙特卡洛法模拟生成随机的结构面，在三维岩石块体系统自动识别方法的基础上，实现了三维岩石随机裂隙网络块体的自动识别。

综上所述，国内外块体理论的研究已经取得了较快的进步，各种分析方法也取得了较大的进展。关键块体理论是块体理论中的最成熟部分，目前关键块体理论在国内外研究不稳定岩石块体的识别、稳定性评价以及加固设计时得到很普遍的应用（臧士勇，1997；张发明等，2002；黄正加等，2001；张子新等，2002；魏继红等，2005）。但关键块体方法存在的问题是把岩体结构面或裂隙面假设为无限大，这往往与工程实际产生比较大的矛盾，在实际的应用中，仍然存在一些问题。

2.2　一般块体方法

人们越来越认识到不连续面对岩体强度及稳定性的控制作用，查明不同规模不连续面的延展性往往是岩体工程中的重点工作之一，也就是说一般的岩体工程中在勘查、设计、施工工程中都会积累大量的不连续面延展性资料，如何充分利用这些资料也是工程实际为理论提出的问题。于青春等（2005）在研究中采用了凸体组合的新思路，提出了一般块体理论。一般块体理论对关键块体理论进行发展和改进，解决了关键块体理论中假设不连续面无限延展带来的问题，使块体理论更接近工程实际。

一般块体理论所要解决的关键问题是任意大小裂隙、任意形状非均质工程岩体的岩石块体识别的算法问题（于青春，2007）。裂隙可以是实测裂隙也可以是通过随机模拟方法生成的随机裂隙，工程岩体可以是任意由多面体组合成的形状，如复杂边坡或地下硐室，而且岩体和裂隙面可以是非均质的。它建立在如下假设条件之上：

（1）模型区域可以划分为有限个子区，每个子区是（或者可以近似为）一个凸多面体形状。

（2）裂隙为有限大小的圆盘形。一个裂隙可以是野外实测的，也可以是随机模型产生的，但每个裂隙的圆盘中心点坐标、产状、半径、黏滞力、摩擦角必须有严格的数学定义。

（3）岩体可以是非均质的。非均质包括两个方面，一方面岩石本身可以是非均质的，如不同的位置上岩体可以有不同的密度；另一方面，裂隙面本身可以是非均质的，如不同部分可以有不同的摩擦角。

（4）一个岩石块体完全地被裂隙面或（和）露头面所包围，在可移动、稳定性分析时被看作刚体。

（5）块体的移动只考虑滑动，不考虑旋转。

一般块体方法主要包括块体识别和稳定性分析两大部分，其中块体识别又可分为五个步骤，即包括如下六部分内容：

（1）研究区域离散，把复杂的研究区域离散为有限个凸形子区。

（2）裂隙筛选，去除那些明显不能形成块体面的裂隙。

（3）子区分割，把每个子区用裂隙分割为单元块体，在这一步裂隙被暂时看作无限大平面。

（4）裂隙恢复，把无限大裂隙恢复为有限的圆盘。

（5）研究区域重构，把子区重新拼装为复杂的研究区域。

（6）块体分类及稳定分析。

2.2.1　研究区域离散

研究区域是研究对象岩体所占的空间范围。野外常见的岩体建筑物，如边坡、隧洞、地下厂房等其岩体的形状一般都较复杂，要直接描述这一区域经常会遇到困难，像隧洞、地下厂房的拱顶经常是不规则的曲线，解析描述更加困难。区域离散是在块体解析时，把复杂的研究区域整体划分成若干个简单子区域，用这些简单的子区的组合近似代表复杂的研究区域。一般块体方法规定子区的形状必须是凸形，用表面描述的方法定义子区，即一个子区由其表面所有多边形表示，每一个多边形用它的边界节点系列表示，每一个节点用其三维坐标表示，边界节点系列可以是顺时针也可以是逆时针顺序排列，节点和子区编号必须唯一，子区在空间上不能重叠。如图 2.1（a）为一个二阶边坡构成的研究区域。边坡岩体可划分为三个子区 SD_1、SD_2、SD_3，如图 2.1（b）的侧面垂直剖面图所示。每个子区都是六面体，这 3 个子区用 16 个面和 16 个节点定义，所有的面都是四边形。全部的子区、面、节点之间的结构关系见表 2.1。

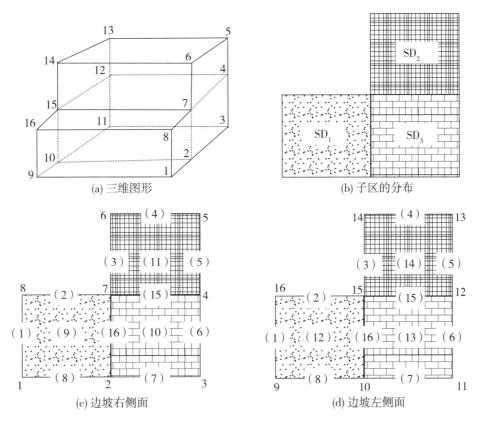

(a) 三维图形   (b) 子区的分布

(c) 边坡右侧面   (d) 边坡左侧面

图 2.1　二阶边坡的子区划分（图中数字为各多边形面编号）

表 2.1　二阶边坡子区、面、节点之间的关系

子区号	子区面号	节点系列
	（1）	1，8，16，9
	（2）	7，15，16，8
	（16）	2，7，15，10
SD_1	（8）	1，2，10，9
	（9）	1，2，7，8
	（12）	9，10，15，16

子区号	子区面号	节点系列
SD_2	(3)	6，14，15，7
	(4)	5，13，14，6
	(5)	4，5，13，12
	(15)	4，12，15，7
	(11)	4，5，6，7
	(14)	12，13，14，15
SD_3	(16)	2，7，15，10
	(15)	4，12，15，7
	(6)	3，4，12，11
	(7)	2，3，11，10
	(10)	2，3，4，7
	(13)	10，11，12，15

区域离散化产生的数据结构与三维有限元离散后产生的数据结构基本一致，子区的形状和大小对块体分析的正确性和准确性没有影响（只有用平面近似曲面时才影响精度）。因此在区域离散时，子区数越少越好，这样可以降低块体分析时的计算量。另外，划分子区时要兼顾到岩体的非均质分区，子区的表面不能穿过非均质分区界限，也就是说一个子区中岩性和结构面的性质必须是常量。

按物理力学性质，定义子区的各多边形面可以分为 3 类：

（1）自由面，工程中一般是实际开挖面。

（2）固定面，多数是为了把研究区域同无限的岩体分割出来的人工假想面。

（3）公共面，是研究区域里的内面，由两个子区共有，而且这两个子区位于这个面的两侧。公共面、自由面和固定面构成研究区域的边界。

如例子中，面（1）、（2）、（3）、（4），即由节点（1，8，16，9）、（7，15，16，8）、（6，14，15，7）、（5，13，14，6）定义的面是自由面。面（15）、（16），即由节点（4，12，15，7）、（2，7，15，10）定义的面是公共面。其他面为固定面。

边界的力学性质在对块体进行分类时是必要的：至少具有一个自由面是

可移动块体的必要条件；如果一个块体拥有固定面，那么这个块体是不可移动的；如果一个块体它的面是公共面，那么这个块体不是岩体中真正存在的独立块体，它是某一复杂块体的一部分。

2.2.2 裂隙筛选

裂隙筛选过程是识别出那些明显对形成块体没有贡献的裂隙，在块体分析时把它们去除，以节省计算量。块体识别时的裂隙多数来自于开挖面或天然露头的实测裂隙，有时甚至由随机模型模拟产生，无论是上述哪种情况，块体分析时经常会是同时面对大量裂隙。这些裂隙中，一般只有少数几个裂隙能形成块体的表面，也就是对块体形成有作用，多数裂隙一般与周围的裂隙相交次数太少，几乎处于孤立状态，不会形成岩石块体的表面，对块体形成没有贡献。在块体识别前去除无贡献裂隙能够大量节省计算量，特别是当裂隙来自于随机模拟模型时会更加明显减少块体识别时的裂隙，可以明显地降低单元块体的数量，因此可显著地节约内存及计算量。

对形成块体没有贡献的裂隙称之为无效裂隙，那些有可能形成块体表面的裂隙称之为有效裂隙。一个裂隙如果能够形成块体的表面，它至少要满足以下条件：至少与周围裂隙或开挖面有 3 条交线，并且这 3 条交线必须在裂隙所在的平面上于裂隙圆盘之内彼此相交形成至少一个封闭回路。

图 2.2 为几种常见无效裂隙的示意图，虚线代表裂隙与无效裂隙的交线，实线代表裂隙与有效裂隙的交线。图 2.2 左图，裂隙只与两个裂隙相交，不可能构成某裂隙的外表面。图 2.2 中图的裂隙上裂隙交线数有 4 条，超过了 3 条，但裂隙交线不能形成回路，因此不可能形成块体的外表面，肯定是无效裂隙。图 2.2 右图的裂隙面上有足够的裂隙交线，交线数超过了 3，而且裂隙交线能够形成回路，但此裂隙仍为无效裂隙。因为裂隙交线中 f_4、f_5 是用虚线表示的，表示这两条交线是当前裂隙与两个已经发现是无效的裂隙的交线。f_4、f_5 已经被发现是无效裂隙去除之后，交线 f_4、f_5 不复存在，其余的裂隙交线不能再构成任何回路，因此为无效裂隙。无效裂隙的消除过程是一个迭代过程。早期被发现无效的裂隙的去除一般会导致某些裂隙上交线的减少，这些交线的数量会变得小于 3 或者不再能形成任何回路。这一迭代过程将被重复进行，直到没有新的无效裂隙被发现。

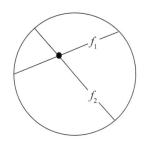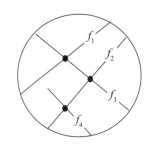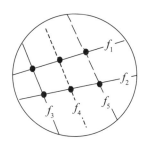

图 2.2 典型无效裂隙

上述方法只能消除大部分无效裂隙，不能保证消除所有无效裂隙，其上的裂隙交线能够形成封闭回路，是一个裂隙能够形成块体表面的必要条件，而不是一个充分条件。去除无效裂隙的目的是降低模型的计算量，无效裂隙的残留不影响后续块体分析的正确性。因此，某些情况下，如当裂隙只是数量有限的几条断层时，可不对裂隙进行筛选，直接进行块体识别，裂隙筛选这一步就可以省略不做。

2.2.3 块体识别过程

形成裂隙网络后，如何根据裂隙的几何参数识别出裂隙交叉组合所能形成的所有岩石块体是一个非常复杂的问题。Heliot（1988）就曾建议直接建立块体发生器模拟裂隙岩体，从而避开这一复杂过程。但由于在工程现场通过各种勘测手段调查的是岩体的裂隙特征，而并非直接确定岩体的块体特征。因此，这种方法在实际应用中会遇到困难。

实际岩石块体特别是一些规模比较大的块体可能会呈非常复杂的凹形，这给力学分析、可视化表示甚至块体的数学描述本身都带来困难。Lin 等（1988）提出了最左侧绕行法，其基本思路为：已知各裂隙的几何参数后可以计算出某一裂隙与其他裂隙的交线 ［图 2.3（a）］，然后适当选择某一节点（3 个裂隙的共同交叉点）作为起点，采用最左侧绕行的办法便可以识别出图 2.3（a）中裂隙交线形成的所有块体，结果如图 2.3（b）所示。把这一思路扩展到三维空间上便可完成三维岩石块体的识别问题。可以看出图 2.3（b）中有 A_1、A_2、A_3 三个块体，对应的节点系列分别为（1→2→3→4）、（8→9→10）、（5→6→7→8→10，4→3→2→1）。块体 A_1、A_2 的节点系列比较简单，但块体 A_3 的系列却比较复杂，它必须用内外两个节点系列定义。

从几何学上讲，A_3 上存在一个空洞，这个空洞又同时是块体 A_1。实际上一个大的块体可以包含许多空洞，而且空洞上还可能再出现空洞，各外侧边界也可能呈复杂的凹形，这就使得最左侧绕行法的数据结构变得很复杂，不容易构造结实的计算机过程，从而难以解决大规模的实际工程问题。

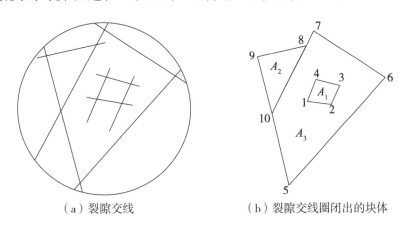

（a）裂隙交线　　　　　（b）裂隙交线圈闭出的块体

图 2.3　最左侧绕行法的裂隙交线及其所圈闭出的块体

如果块体是凸形的，问题就简单得多。一般块体理论中的块体识别方法是，将复杂的块体分解为几个简单的凸形块体，从而使几何描述、体积及重力计算、力学分析、可视化表示等一系列问题大大简化。基本实现过程如下：

（1）用裂隙把每个子区分割为有限个凸形块体。在这一阶段中，裂隙暂时被当作无限大平面，分割子区形成的凸形块体被称之为单元块体。

（2）把裂隙收缩（恢复）为有限的圆盘，结果是同一子区范围内的单元块体之间彼此合并。这时单元块体合并成的复杂块体是一种过渡性的块体，并不是岩体中实际存在的块体。

（3）消除子区之间的假想面。这样，不同子区之间单元块体合并，从而上一步过程中形成的过渡性复杂块体合并。经过这一过程形成的复杂块体是岩体中实际存在的块体。

在把子区分割为单元块体的过程中，看起来似乎单元块体的数量是几何增长的，但一些特殊的技巧可以减少大量的计算量。假设块体有 n 个节点，$v=\{v_i, i=1, \cdots, n\}$ 为其节点的集合；在三维坐标中 $v_i=v(x_i, y_i, z_i)$，裂隙的平面方程为 $ax+by+cz+d=0$，平面与块体的关系有三种：

（1）如果 $ax_i+by_i+cz_i+d \geqslant 0$ 对任何 i 总为真，块体整体位于平面以

上，结果如图 2.4 （a） 所示，裂隙不分割块体。

（2） 如果 $ax_i+by_i+cz_i+d \leqslant 0$ 对任何 i 总为真，块体整体位于平面之下，结果如图 2.4 （b） 所示，裂隙也不切割块体。

（3） 上述两种情况都不满足时块体才会被一分为二，结果如图 2.4 （c） 所示。

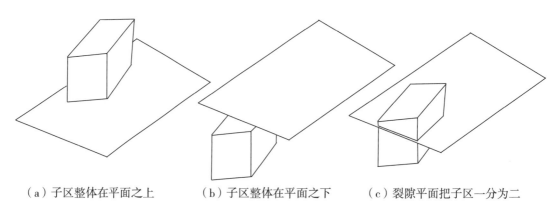

（a）子区整体在平面之上　　（b）子区整体在平面之下　　（c）裂隙平面把子区一分为二

图 2.4　子区与无限大裂隙面之间的切割关系

这样，在计算单纯形块体与裂隙切割前用这个条件进行检验可以节约计算量，同时大大减少单纯形块体的数量，从而节约内存。由于裂隙的有限性，在整个研究岩体范围内，多数单元块体因离裂隙太远而没有与裂隙相交的可能性，这一小技巧减少的计算量是很可观的。

经过块体识别的以上三个步骤，整个研究区域的岩体被划分成了大量的单元块体，这些单元块体是基本的处理单元。有些单元块体是岩体中被裂隙面分割出来的真正独立块体，而更多的单元块体则与周围的单元块体连在一起共同形成在岩体中独立存在的复杂块体。复杂块体的体积、重量等参数非常容易计算，只需把组成复杂块体的各单元块体的相应参数进行简单求和即可，而单元块体的体积和重量也是非常容易求得的。

2.2.4　块体稳定性分析

块体识别过程得到的块体包括所有裂隙面和自由面所圈闭成的块体。这些块体中有些出露于自由面上（人工开挖面或天然露头），有些则完全被周围块体包围。出露于开挖面上的块体一般具有更大的工程意义，是稳定性及支护研究的主要对象。出露的块体中有些是几何上可移动的，有些由于周围块体的限制不可移动，不出露于自由面上的块体自然都是不可移动的，这样天然无支护条件下即把岩石块体分为如下四类：

（1）不稳定块体（Ⅰ类块体）。

（2）可移动稳定块体（Ⅱ类块体）。

（3）出露不可移动块体（Ⅲ类块体）。

（4）埋藏块体（Ⅳ）。

Ⅰ类和Ⅱ类块体是工程中的主要研究对象，找出这些可能移动的块体，并对其稳定性加以分析。实际工程中不稳定块体是指天然摩擦力和黏滞力作用下其稳定系数小于1.2，甚至更高的块体。

Warburton（1981）对块体的可移动性进行了较详细的研究，其方法为矢量法。假设描述块体移动方向的矢量为 s，块体有 N 个由裂隙面构成的表面，矢量 s 必须满足如下三个条件：

$$n_i \cdot s \geqslant 0 \qquad (i = 1, \cdots, N) \tag{2.1}$$

$$w \cdot s > 0 \tag{2.2}$$

$$w \cdot s = \max[\text{满足 Ⅰ、Ⅱ 类的所有方向}] \tag{2.3}$$

上式中：n_i 为由裂隙面构成的表面的单位法向矢量，指向块体的内部；w 为块体的驱动力。

式（2.1）称为运动学约束，式（2.2）称为外力约束，式（2.3）称为唯一性约束。即式（2.1）中矢量 s 与块体所有裂隙面构成的表面的单位法向矢量成锐角，且与使块体运动的驱动力的合力方向一致，块体沿式（2.3）中最大值的方向移动。

从物理意义上讲，块体有三种移动形式：

（1）沿驱动力（合力）运动，当驱动力只包括重力时这种运动形式为坠落，见图2.5（a）。

（2）沿两个面的交线，即块体的棱线滑动，见图2.5（b）。

（3）沿某一个面滑动，见图2.5（c）。

确定一个块体的运动形式包括如下几个步骤：

（1）首先确定块体是否坠落，如果块体坠落，摩擦力等进一步计算便可省略。如果块体的所有非自由面的法线都与驱动力指向同一个半空间，则块体坠落，数学上表示为：$w \cdot n_i \geqslant 0$，$i = 1, 2, \cdots, N$。

（2）确定块体是否沿某个裂隙面单面滑。假设块体的某个表面的平面方

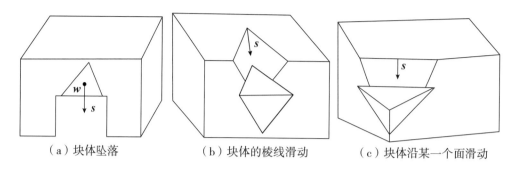

（a）块体坠落　　　　　（b）块体的棱线滑动　　　（c）块体沿某一个面滑动

图 2.5　块体滑动的三种实际模式

程为 $ax+by+cz=d$，则这个面的倾斜线的矢量为 $\boldsymbol{f}=[ac,\ bc,\ -(a^2+b^2)]$，如果 $\boldsymbol{f} \cdot \boldsymbol{n}_i \geqslant 0$，$i=1,\ 2,\ \cdots,\ N$ 总成立，块体沿这个单面滑动。

（3）如果块体的某一个棱（块体两个表面的交线）为 $\boldsymbol{l}$，如果 $\boldsymbol{l} \cdot \boldsymbol{n}_i \geqslant 0$，$i=1,\ 2,\ \cdots,\ N$ 总成立，同时有 $\boldsymbol{w} \cdot \boldsymbol{l} \geqslant 0$，则块体沿棱 l 滑动。

Goodman、Shi（1982）提出了关键块体理论，其中给出了关键块体在重力作用下，沿某裂隙面和裂隙交线移动时，块体滑动力和摩擦力的计算方法，其结论对一般复杂块体同样适用。

如果块体沿某一单面滑动，则有：

$$F_s = W\sin\alpha \tag{2.4}$$

$$F_f = W\cos\alpha\tan\varphi \tag{2.5}$$

$$F_c = CA \tag{2.6}$$

上式中：F_s、F_f、F_c 分别为滑动力、摩擦力和黏滞力；W 为块体的重力；α、φ、C 和 A 分别为裂隙面的倾角、摩擦角、黏滞系数和滑动面的面积。

如果块体属于双滑面类型，则有：

$$F_s = |\boldsymbol{w} \cdot (\boldsymbol{n}_1 \times \boldsymbol{n}_2)| / |\boldsymbol{n}_1 \times \boldsymbol{n}_2| \tag{2.7}$$

$$F_f = \frac{|(\boldsymbol{w} \times \boldsymbol{n}_2) \cdot (\boldsymbol{n}_1 \times \boldsymbol{n}_2)|\tan\varphi_1 + |(\boldsymbol{w} \times \boldsymbol{n}_1) \cdot (\boldsymbol{n}_1 \times \boldsymbol{n}_2)|\tan\varphi_2}{|(\boldsymbol{n}_1 \times \boldsymbol{n}_2)|^2}$$

$$\tag{2.8}$$

$$F_c = C_1 A_1 + C_2 A_2 \tag{2.9}$$

上式中：F_s、F_f、F_c 分别为块体的滑动力、摩擦力和黏滞力；$\boldsymbol{w}=(0,\ 0,\ -W)$；$\boldsymbol{n}_1$、$\boldsymbol{n}_2$ 为两个面的单位法线矢量；φ_1、φ_2 为他们的摩擦角；C_1、C_2 为黏滞系数；A_1、A_2 为两个滑动面的面积。

对于上面两种情况，块体的稳定性可用其稳定系数进行表示，无支护条

件下稳定系统可以统一表示为

$$f = (F_f + F_c)/F_s \qquad (2.10)$$

2.3 GeneralBlock 软件

GeneralBlock 软件是作者所在课题组与长江三峡勘测研究院有限公司共同研究开发的，以一般块体方法为理论基础。据作者所知，该软件是目前唯一一个能在"有限延展裂隙，复杂开挖面形状"条件下识别出所有块体的软件。其优点在于能够识别出非常复杂的块体，并得到块体的稳定性和几何参数，如块体体积、块体各顶点坐标等，同时可实现空间块体分布、锚固设计及施工的三维可视化，已经具备应用于生产实践的能力。

使用 GeneralBlock 软件进行块体分析的主要步骤如图 2.6 所示，对应的软件界面启动菜单如图 2.7 所示。

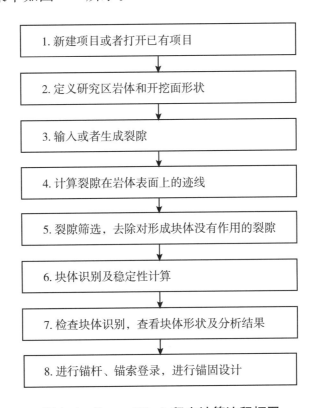

图 2.6 GeneralBlock 程序计算流程框图

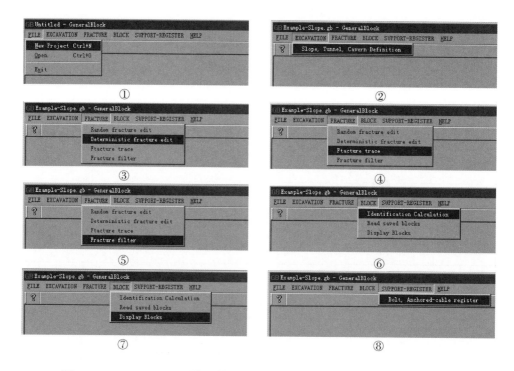

图 2.7　GeneralBlock 的总体操作流程（图中①～⑧表明执行顺序）

　　首先建立一个新项目，程序会自动建立一个子目录，此后所有数据都会自动存放在这个文档中。另外，裂隙可以是实测裂隙也可以是通过随机模拟方法生成的随机裂隙，工程岩体可以是任意由多面体组合成的形状，如复杂边坡、隧洞、地下硐室，而且岩体和裂隙面可以是非均质的。

第3章　地下厂房岩石块体研究

本章将基于三峡工程现场地质分析和一般块体理论对地下电站厂房岩石块体的稳定性进行分析。采用 GeneralBlock 软件建立三维岩石块体模型，对块体进行自动识别和稳定性分析。根据块体识别及分析结果，并考虑各块体内的组合形式，设计、施工相应的预应力锚索或锚杆进行加固处理，并对锚杆、锚索和块体进行系统监测。

3.1　地下电站工程概况

长江三峡工程是迄今世界上最大的水利枢纽，位于长江西陵峡中段，坝址位于湖北省宜昌市三斗坪镇。该处河谷开阔，基岩为坚硬完整的花岗岩，具有修建混凝土高坝的优越地形、地质和施工条件。三峡水利枢纽主要由大坝、电站厂房、通航建筑物等组成，如图 3.1 所示。大坝为混凝土重力坝，坝轴线方向为 43.5°，大坝轴线总长 2309.47m，坝顶高程 185m，最大坝高 181m，其泄洪坝段位于河床中部主河槽。左、右岸坝后电站共安装 700MW 水轮发电机组 26 台，总装机容量 18200MW，连同右岸地下电站（6×700MW）和电源电站（2×50MW），三峡电站总装机容量达 22500MW。

地下电站位于右岸白岩尖山体内，左侧紧邻三峡工程大坝及右岸电站坝后厂房，地下厂房轴线与大坝轴线平行。地下电站的主要任务是发电，共安装 6 台 700MW 水轮发电机组，总装机容量 4200MW，总体布置如图 3.2 和图 3.3 所示。建成后与坝后电站统一调度使用，可增加三峡电站的调峰能力，使三峡电站总装机容量增加到 22500MW，枯水年汛期预想出力与平均出力的比值由原来的 1.4 增至 1.9，汛期大部分时间可不需弃水调峰运行。

图 3.1　三峡工程枢纽鸟瞰图

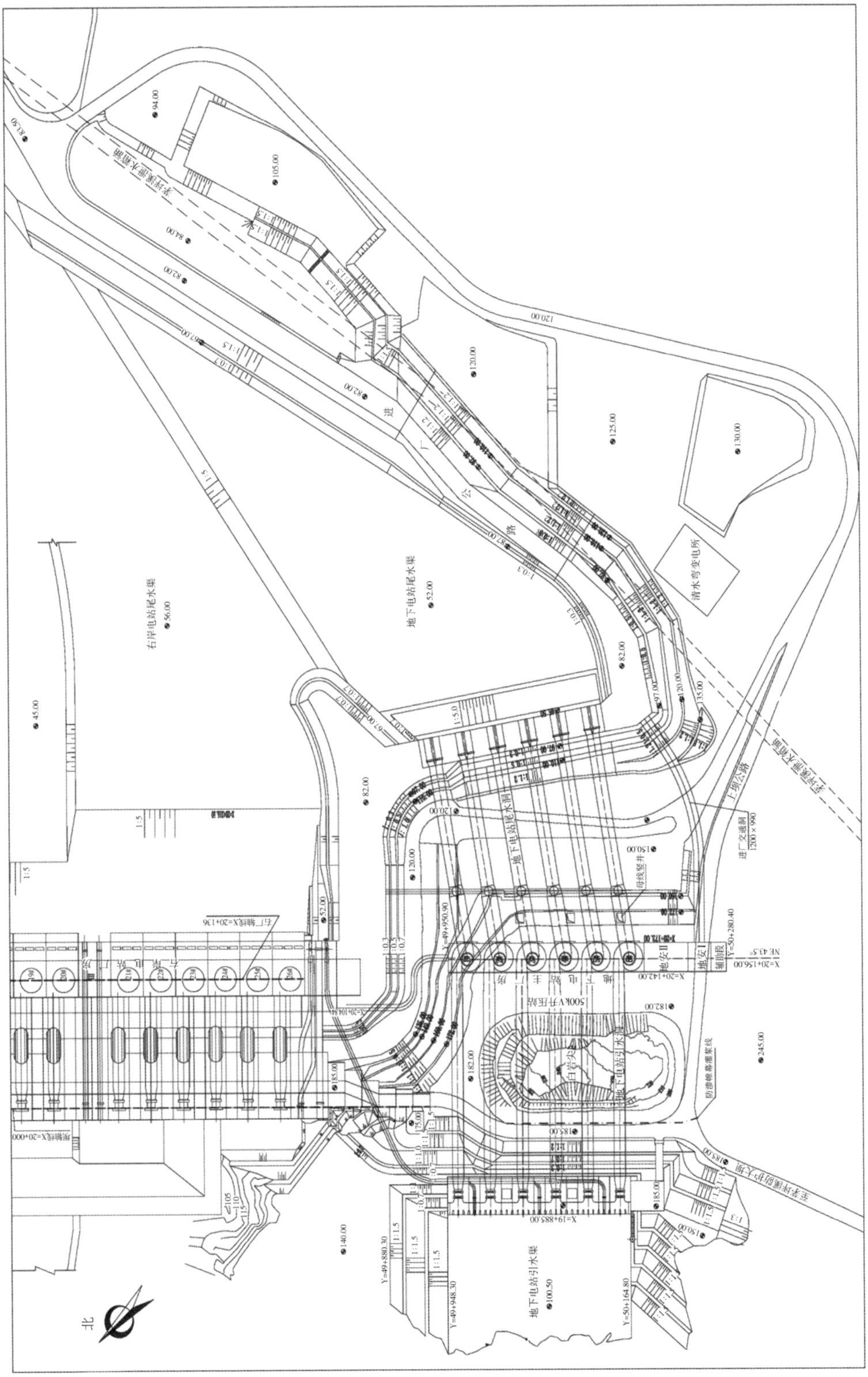

图 3.2　右岸地下电站总体布置简图

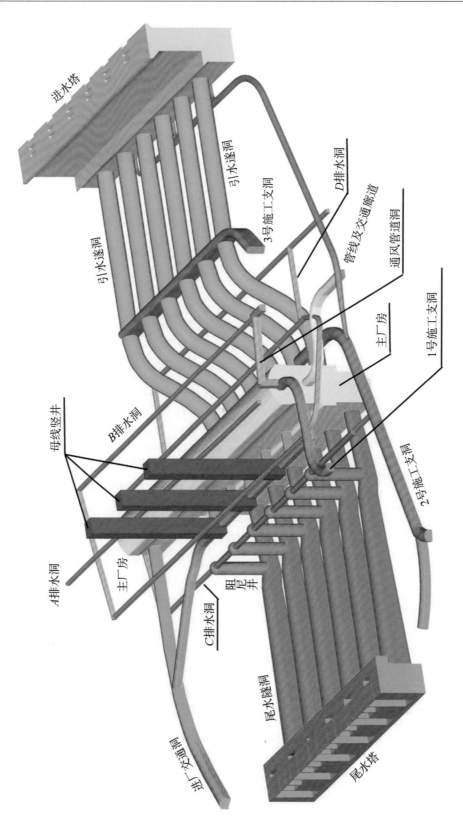

图 3.3 三峡水利枢纽右岸地下电站透视图

地下电站主要由引水渠及进水塔、引水隧洞、主厂房、尾水渠洞、进厂交通洞、通风及管道洞、排沙洞和厂外排水系统等组成。其中，主厂房硐室总长 352.6m，硐室最大跨度 32m，最大高度 85m，为圆拱直墙型；引水洞为 6 条圆形洞，洞径 13.5m，分上平段、斜洞段与下平段，单洞水平投影总长 197m；尾水洞采用一机一洞，即 6 条隧洞，单洞总长 220m，洞型为圆拱直墙形，断面尺寸为 18m×22m。

地下电站主厂房硐室为圆拱直墙型，厂房全长 311.3m，轴线走向 223.5°，最大跨度 32.6m，最大高度 87.3m，吊车梁以下上、下游边墙距离 31.00m。厂房顶拱中心高程 107.62m，机窝底板高程 19.00m，边墙高度 49.00~79.50m。单间机组尺寸 31.00m×38.30m，共 6 间，总体平面尺寸为 31m×229.80m，相邻机组间有一隔墩，如图 3.4 所示。

引水洞为圆形洞，开挖洞径 15.50m，共 6 条，单机单洞平行布置。单洞轴线总长 244.64m，分上平段（长 114.32m）、上弯（41.89m）＋斜井（26.27m）＋下弯段（41.89m）及下平段（20.27m），单洞轴线水平投影长 217m。上平段底板开挖高程 112m，下平段底板开挖高程 46.25m。其中引水洞进口洞脸边坡及引水洞上平段前 94.58m 已在三峡二期工程蓄水前施工完成。

尾水洞采用一机一洞，即 6 条隧洞，6 条尾水隧洞总长度为 1248m，单洞长 191~225m，跨度 28.90m，为圆拱直墙型，顶拱中心线高程 89.65m，硐室最大高度 37.65m，断面尺寸为 18m×22m。一机一洞尾水调压室布置于高程 150m 平台下，其上游边墙位于平台上游侧边坡高程 162m 马道之下，硐室平行厂房轴线布置。尾水洞在调压室至主厂房段以方形为主，断面尺寸为 20m×12.25m，调压室下游侧为圆形洞，开挖洞径为 19.00m，硐室顶板高程由上至下为 34~61m，底板高程由上至下为 21~42m。尾水洞出口高程 42~61m。

尾水渠采取弧线-直线的布置方式，由正面边坡、右侧边坡、左侧边坡、尾水底板、尾水渠以左弧形边坡构成。其上游端和出口分别以 1:5 的斜坡与尾水洞出口（高程 42m）和右岸电站尾水渠（底板高程 56m）相接。正面边坡和以左弧形边坡由于与边坡呈小角度相交的中缓倾角裂隙发育，开挖过程中在坡眉沿该组裂隙产生滑落，形成较多缺口。

图 3.4　地下电站主厂房结构示意图

3.2 基本工程地质条件

3.2.1 地形地貌

地下电站位于长江右岸白岩尖山体内，左侧为右岸大坝和坝后厂房。白岩尖山体原始形态山脊走向与大坝轴向相近平行，脊顶高程220～243m，山体上、下游侧斜坡及临江岸坡总体坡型平缓，坡角一般15°～25°，坡内具沟梁相间及局部平台与陡坡相接的形态。

右岸主体工程施工开挖至今，白岩尖山体表面已被改造成由人工边坡与平台或马道相接形态，但总体仍保持原山体轮廓。山体主峰段现今被右岸高程182～185m上坝公路及施工平台环绕，成为与左岸坛子岭隔江相对的平行大坝轴线的椭圆形孤包；临江一侧为凹向长江的弧形边坡，坡底高程以82m计，坡高约100m，坡内10～15m，设置一级宽3～5m马道，坡型大体分两级，高程120m平台（宽20～60m）以上整体坡角约45°，以下至高程82m平台间坡角约60°；上游坡为地下电站引水洞进口洞脸边坡，边坡开挖及支护已完成，边坡走向平行大坝轴线，坡底高程100m左右，坡高约85m，坡内设有高程150m、160m、175m三级马道，宽2～4m，整体坡角约58°；地下电站主厂房、尾水洞及尾水调压井等主体硐室位于白岩尖山体下游侧斜坡内，现状地面高程182～120m，主要由高程182m、150m、120m三级平台及右侧的上坝公路等组成，平台间为35°～60°不等人工边坡连接。各硐室埋深一般55～120m。

3.2.2 地层岩性

地下电站区基岩主要为前震旦系闪云斜长花岗岩和闪长岩包裹体，其间侵入有细粒花岗岩脉和伟晶岩脉等酸性岩脉；地表平台内多分布第四系人工堆积物，地形低洼部位有少量残留的坡积物。

3.2.2.1 基岩及其分布

白岩尖山体上游坡、山脊至下游坡，即自地下电站引水建筑物区、主厂房区至尾水建筑物区，依次大致分布三类岩石：细粒闪长岩包裹体、细粒闪长岩包裹体与闪云斜长花岗岩混杂过渡带及闪云斜长花岗岩。各类岩石间呈过渡与交错关系，总体分界走向与白岩尖山脊走向相近平行。

（1）闪云斜长花岗岩（$\gamma_N Pt$）。呈岩基产出，据人工地震测深资料，岩体厚约 14km，其侵入生成年龄约 8.32 亿年。岩石呈灰白至浅灰色，中粗粒结构为主，局部为细粒结构（$\gamma'NPt$），主要矿物为斜长石、石英，次要矿物为黑云母、角闪石、钾长石，具花岗结构，块状构造。主要分布于调压井至尾水渠一带。

（2）细粒闪长岩（δxen）。呈包裹体产出，生成年龄约 29.46 亿年，被后期侵入的闪云斜长花岗岩包裹。岩石呈灰至深灰色，细粒结构，偶见少许长石斑晶，主要矿物为斜长石、角闪石，次要矿物有黑云母、石英等。主要分布于主厂房以上游至引水洞一带。包裹体底板不规则，大体倾向西，与围岩一般呈熔融接触，因混溶作用的差异，接触带不明显和清晰者兼而有之。

（3）过渡带（$\delta xen + \gamma_N Pt$）。为闪云斜长花岗岩与细粒闪长岩混熔接触或突变接触带，两类岩石混杂分布，互相穿插。主要分布于主厂房一带。

（4）脉岩。在岩基、包裹体及两者过渡带中，穿插分布有细粒花岗岩脉（γ）及伟晶岩脉（ρ），个别石英脉（q）。细粒花岗及伟晶岩脉以倾南、中缓倾角为优势产状，规模一般不大，厚度小于 1m，长 20～30m，与围岩多呈突变紧密或混熔接触，少部分为裂隙或断层接触。岩脉一般较围岩抗风化能力强，局部因裂隙发育，脉体较破碎。花岗伟晶岩脉侵入生成年龄约为 8 亿年，较闪云斜长花岗岩略晚。

1）伟晶岩脉（ρ）。呈肉红色、少量乳白色，伟晶结构，主要由微斜长石及石英组成，含微量斜长石及白云母。

2）细粒花岗岩脉（γ）。灰白或灰红色、肉红色，细粒、中细粒结构，主要矿物为微斜长石、斜长石及石英等。

γ_5 为区内规模最大的花岗岩脉，分布于高程 82m、120m 平台至主厂房左侧弧形边坡上部沿线，产状一般为倾向 190°～220°∠26°～52°，整体略呈起伏状，厚度不稳定，一般 3～7m，延伸长达千余米，与围岩部分呈裂隙接触、部分呈突变接触紧密或混熔接触。

3）石英脉（q）。呈乳白色，具玻璃光泽，坚硬，多含黄铁矿，常侵入断层带内。

3.2.2.2 第四系覆盖层

（1）人工堆积层（Q^{ml}）。分布较普遍，为场平时开挖的弃渣或场平回填堆积而成，由风化砂夹碎块石组成，局部碎块石集中分布。其结构松散，厚度一般 3～8m。在平台、路面多有厚度 0.1～0.3m 厚护面混凝土分布。

（2）坡积层（Q^{dl}）。褐黄色砾质壤土夹少量碎块石，结构松散。沿原山坡脚及低缓沟谷等部位零星残留分布，厚度一般 1～3m。

3.2.3 地质构造

地下电站区的结晶岩体，经历了多次构造变动。前震旦纪晋宁运动作用强烈，奠定了本区构造的基本格架，中生代的燕山运动和新生代的喜山运动对基底影响较弱，主要表现为对早期断裂的复合改造。

3.2.3.1 断层

根据地表测绘、平硐勘探及钻孔揭露，地下电站区断层较发育，但大多为裂隙型，延伸长度一般小于 100m，破碎带宽度一般小于 0.3m。延伸长度大于 300m、破碎带宽度大于 1.0m 的断层 2 条，即 F_{20} 及 F_{84}；延伸长度大于 100m，破碎带宽度为 0.5m 左右的断层 5 条，为 F_{22}、F_{24}、f_{10}、f_{32}、f_{143}。构造岩主要为碎裂岩、角砾岩及影响带，碎裂岩一般胶结较好，而角砾岩一般较松散，个别断层含泥或泥化物，如 f_{10}。断层按走向可分为四组：NNW、NNE、NEE - EW、NE，各组断层特征见表 3.1。厂房区主要断层有 F_{20}、F_{84}、F_{24}、F_{22}、f_{10}、f_{32} 等，主要断层特征见表 3.2。

对地下电站区规模大、性状典型、有重要工程意义的 F_{84}、F_{20}、f_{10} 等三条断层详述如下：

（1）F_{84} 断层。断层总体呈弯曲及微弯曲状延伸，局部呈弧形面，多处转折弯曲，表现为雁行式排列、首尾相接的追踪发育模式。总体产状 60°～80°／−NW∠55°～75°，局部走向为 45°～50°（3012 - 14 支硐）及 100°～110°（3012 - 2 支硐）。

表 3.1　地下电站区断层分组特征表

分组	产状（倾向∠倾向）	所占百分比/%	规模	发育程度	性状特征	空间分布特征
NNW 组	250°~265° ∠65°~80°	22.8	除 F_{20}、F_{22}、F_{24} 延伸长度大于 100m 外，其余均属裂隙性断层，延伸长度小于 100m，断层带宽度小于 30cm	为本区最发育的一组断层，平均间距 15m 左右，在发育密集段，间距仅 5~10m	具压扭性特征，主要为碎裂×岩及碎裂岩。断层带宽度一般小于 30cm，局部（F_{20}）可达 3m。带内常见花岗岩脉及方解石细脉穿插，并多见钾化蚀变呈浅红至紫红色。断层面平直稍粗至平直光滑，构造岩胶结紧密，多呈半坚硬状，一般无软弱物质	在地表及两层平硐中普遍发育，规模较大的断层往往伴随着较小规模的断层成组出现
NEE~近 EW 组	330°~10° ∠60°~80°	17.5	常表现为雁行式排列，普遍较短小，除 F_{84} 延伸长度大于 100m 外，其余均属裂隙性断层，延伸长度小于 100，断层带宽度小于 30cm	平均间距 40m 左右	断层面（带）起伏较大，沿断层面多见风化碎屑，少数具软化现象，一般张开渗水到滴水，构造岩以角砾岩为主，少量为碎裂岩，胶结差，多呈半疏松状。断层带宽度变化较大，一般小于 30cm，但个别断层（F_{84}）可达 2~5m	地表因风化覆盖，表现为不发育，平硐内相对为发育，尤其是在下游边墙，在主厂房 98m 高程平切面 270m 长的硐段仅揭露 3 条
E 组	300°~330° ∠50°~80°	11.6	普遍较短小，除 f_{10} 延伸长度大于 100m 外，其余均属裂隙性断层，延伸长度小于 100m，断层带宽度小于 30cm	平均间距 30m 左右，在发育密集段，间距只有 10~20m	断面略起伏，具明显的张扭性擦痕，断层面上常见走向及倾向两组裂隙特征，构造岩以角砾岩为主，少量为碎裂岩，胶结中等~较差，其中常见方解石破碎带宽度一般小于 30cm，绿帘石及绿泥石、细鳞片及绿帘石膜，少数见泥化物	在平硐中发育相对均匀，在地表呈弧形边坡发育密集
NE 组	285°~295° ∠65°~80°	8.4	裂隙性断层，延伸长度小于 100m，断层带宽度小于 30cm	平均间距 45~55m	断层面平直较光至起伏型为主，构造岩为角砾岩或碎裂岩，或胶结紧密，或胶结较差，性状差异较大	在地表相对发育

表3.2 地下电站主要断层特征统计表

编号	结构面产状（倾向∠倾角）	断层带/m 断层带	断层带/m 碎裂×岩	断层带/m 总宽	延伸长度/m	工程地质特征	平洞中的出水特征
F20	245°∠70°	0.005~4.3	0~4.5	0.50~9.0	>300	面平直光滑，构造岩为碎裂岩及碎裂×岩，胶结良好	干燥
F22	250°∠70°	0.05~0.20	0.1~0.5	0.1~0.7	>300	面平直稍粗，构造岩为碎裂岩，碎裂×岩，局部地段有方解石细晶脉穿插，胶结好	干燥
F84	340°~10°∠60°~80°	0.65~0.70	0.65~0.71	0.06~0.09	>300	面波状粗糙，断层表现为两条断面控制的角砾岩带-碎裂岩带，时宽时窄，断层带中可见方解石晶洞或晶簇，胶结差，空隙及方解石晶隙风化加剧	沿断层多处滴水-流水
f10	320°∠50°	0.65~0.70	0.65~0.71	0.03~0.05	>100	面平直光滑，构造岩主要为碎裂岩，主断面上见1~2cm的细角砾及岩屑，两侧见0.1~0.5cm的紫红色泥膜，胶结差	渗水
f35	247°∠72°	0.002~0.70	0.1~2.0	0.1~2.7	>100	面平直光滑，构造岩为碎裂岩胶结紧密	干燥
f22	265°∠75°	0.65~0.70	0.65~0.71	0.10~0.20	>50	面平直光滑，构造岩胶结较好	浸水
f57	345°∠60°	0.01~0.5	0.1~0.4	0.1~1.0	>70	面波状粗糙，破碎带部分为碎裂岩和方解石脉，局部为胶结较差的角砾岩及岩屑、岩粉，遇水软化显豆渣状	滴水-流水
f41	10°∠80°	0.001~0.5	0.2	0.1~0.7	>70	裂隙性断层，面平直稍粗，局部充填1~3cm厚细晶岩脉，两壁有钾化蚀变，局部张开滴水	潮湿-流水
f143	340°∠62°	0.002~0.02	0.1~0.5	0.1~0.5	>30	面波状粗糙，破碎带部分为裂隙密集带，部分为半疏松状的中细角砾岩带	潮湿-流水

断层破碎带在地表因风化覆盖、揭露不充分，表现为一系列网状次级裂隙构成的破碎带，局部角砾化明显；在勘探平硐多处清晰揭露，如 3012 号、3013 号勘探平硐等，其中尤以 3013 - 5 支硐及 3012 - 14 支硐为专门追踪揭露 F_{84} 的勘探平硐。

平硐揭露，断层面呈波状、微波状，见水平擦痕及垂直擦面，显顺扭或反扭。断层面普遍铁质浸染，含 0.5～1cm 的碎屑，弱风化状态，局部软化。

断层构造岩以角砾岩为主，含碎裂岩及影响带，角砾岩为较差-中等胶结，断层影响带多为碎裂结构岩体，在平硐中沿断层全线滴水。断层破碎带可分为 3 种类型：

1）破碎结构面。断层面清晰，含风化碎屑，两侧碎裂岩岩体多为镶嵌状，本类型占 42.5%。

2）夹软弱构造岩结构面。断层面含风化碎屑，两侧见充填绿泥石化的碎斑-角砾岩，风化强烈，宽度 10～40cm，断层两侧由伴生裂隙构成的碎裂岩宽 1～2m，碎裂岩多呈碎裂结构，致使硐顶滴水严重，本类型占 26.3%。

3）软弱构造岩型。表现为两条断层面控制的角砾岩带，角砾直径一般 5～10cm，大者达 40～60cm，角砾岩弱固结，并见有空隙、空洞，胶结差-中等，为疏松-中密状态，角砾岩带宽达 2m，本类型占 31.2%。

F_{84} 断层属于典型的张扭性断层破碎带，燕山早期为顺扭断层，喜山主期呈正断层特征，$Q_1 - Q_2$（现今主力场）反扭走滑，具典型工程地质特征为张性。

（2）F_{20} 断层。断层走向延伸较稳定，总体产状 335°～350°/－SW∠70°～85°。断层穿过地下电站区，延伸长度大于 300m。断层面一般较平直，以平直稍粗型为主，部分为平直光滑型，断层破碎带一般宽 0.8～1.0m，较窄处为 0.3～0.5m，较宽处达 4.0m 左右。断层构造岩主要为绿泥石化碎斑岩、碎裂岩以及角砾岩组成。角砾直径 2～5cm，构造岩胶结较差，局部劈理化明显。在右岸厂坝弧形段边坡，F_{20} 断层表现为由多条较平直裂面控制的破碎带，岩石强烈破碎并钾长石化和硅化，有大量方解石、石英细脉及团块穿插，局部见黄铁矿细脉，故破碎带胶结较紧密。沿断层带一般干燥，极少见滴水现象，断层表现为硬型结构面。

F_{20} 断层属典型的压扭性结构面，断层面上见显顺扭或反扭的近水平擦痕，表现其经历多期构造活动，晋宁期为压性断层、燕山期为反扭平移断层，后期活动不明显。

（3）f_{10}断层。断层走向延伸稳定，产状 40°/－NW∠50°，在主厂房下游边墙部位出露，延伸长大于 100m。破碎带以下界面为主要断层面，断面平直稍粗至平直光滑，沿断层而见泥化物。

主断层宽 0.1～0.3m，岩石强烈破碎，构造岩为钾长石化绿泥石化的碎斑岩，亦有褐铁矿化，并见 0.5cm 紫红色泥化物，碎斑略具顺断面的定向排列。构造岩胶结中等-较差，呈弱-强风化。断层影响带为次级裂隙形成，呈镶嵌结构。影响带最宽达 2.8m，沿断层局部有渗水。

f_{10}断层为张性断层，形成于晋宁晚期，蚀变强烈，后期活动不强但被压紧，喜山期以来略有张开。

3.2.3.2 裂隙

根据地下电站区勘探平硐及地表裂隙统计，裂隙以陡倾角（90°～60°）为主，约占 60.2%，次为中倾角（60°～35°），约占 22.7%，缓倾角（0°～35°）只占 17.1%。裂隙平均线密度为 1～2 条/m。裂隙分组及各组的性状特征见表 3.3。

表 3.3　地下电站区裂隙分组统计表

走向分组			比例/%	基本特征
陡倾角	NNW	250°～260°∠60°～80°	13.5	以平直稍粗为主，结合紧密，干燥
		60°～80°∠60°～80°		
	NNE－EW	330°～360°∠60°～80°	18.7	多呈张性，以波状粗糙为主，局部略张开滴水
		150°～180°∠60°～80°		
	NNE	275°～310°∠60°～80°	9.3	以平直稍粗为主，结合紧密，干燥
		90°～120°∠60°～80°		
	NE	310°～325°∠60°～80°	7.5	以波状粗糙为主，局部略张开水滴水
		130°～145°∠60°～80°		
缓倾角	NNE	92°～121°∠20°～35°	5.8	平直光滑-平直稍粗，多有绿帘石充填，结合紧密
		275°～300°∠20°～35°		
	NNW	60°～80°∠20°～35°	2.4	平直稍粗，多有绿帘石充填，结合紧密

根据与地下电站相邻的右岸非坝段区地表裂隙规模测量资料，对裂隙的规模进行了统计。本区的裂隙长度多数小于 5m，占总数的 71.4%；长度 5～10m 的占 23.9%；长度 10～20m 的不到 5%。

缓倾角裂隙局部相对发育，主要发育产状 92°～121°∠25°～35°，密度为 1.5～3 条/m。主要分布在主厂房区及尾水洞出口段等地段。

3.3　岩体结构及围岩类别

地下电站区各类结晶岩体在微新状态下的力学性质无明显差别，但被不同级别、不同性质和产状的结构面切割后，形成了不同的岩体结构类型，导致岩体工程地质特性的差异，是边坡与硐室工程地质分析评价的基本依据。

进行岩体结构分类时主要考虑如下因素：结构面性状、发育程度及组合形式，岩块强度、块度及形态，岩体变形特性及渗透性。根据《水力发电工程地质勘察规范》（GB 50287—2006）岩体结构分类标准，结合工程区的具体地质条件，将地下电站区岩体结构类型划分为 5 类，即整体结构、块状结构、次块状结构、镶嵌结构、碎裂结构及散体结构，各结构类型岩体工程地质特征见表 3.4。地下电站硐室围岩主要为微新岩体，以块状、次块状结构为主，镶嵌结构岩体主要分布在断层影响带内，碎裂结构及散体结构的岩体分别主要分布于张性断层的破碎带和全强风化带。

地下电站硐室围岩工程地质分类方法以《水力发电工程地质勘察规范》（GB 50287—2006）硐室围岩工程地质分类标准为基础，结合工程区实际地质条件确定，即以控制围岩稳定的风化状态与强度、岩体完整程度、结构面状态、地下水和主要结构面产状等五项因素之和的总评分为基本判据，围岩强度应力比为限定判据，编制了地下电站区硐室围岩工程地质分类标准，列于表 3.5。

根据表 3.4，将硐室围岩划分为五类，即Ⅰ、Ⅱ、Ⅲ、Ⅳ、Ⅴ类，Ⅰ、Ⅱ类为稳定、基本稳定岩体，不会产生塑性变形，局部可能产生掉块，一般不需支护，或局部锚杆加固，大跨度时需喷混凝土、系统锚杆加钢筋网支护；Ⅲ类围岩为局部稳定性差的岩体，围岩强度不足，局部会产生塑性变形，不支护可能产生塌方或变形破坏，一般喷混凝土、系统锚杆加钢筋网，大跨度时，需浇筑混凝土衬砌；Ⅳ、Ⅴ类围岩属不稳定岩体，规模较大的各种变形和破坏都可能发生，由于地下电站硐室工程均布置于微新岩体内，Ⅳ、Ⅴ类围岩极少，仅在 NEE-EW 向的张性断裂带中有少量分布，需作置换并浇筑混凝土衬砌处理。

表3.4 三峡工程岩体结构分类表

类型		分类依据								基本特征	水动力特征
代号	名称	结构面			块度及形成	RQD/%	完整性系数 K_v	纵波速度 V_p/(m/s)	ω值/[L/(min·m·m)]		
		密度/(条/m)	组数	性状							
I	整体结构	<1	1~2	平直稍粗，硬性为主	大于1m³长方块体为主	>95	>0.85	4800~5850	<0.01 试段占80%	远离较大断层区。为极完整结构面疏松体，裂隙短小，连通性差，岩块间以岩桥连接	裂隙多不连通，仅少数传递透水压力
II	块状结构	1~2	2~3	平直稍粗，硬性为主	0.5~1m³的长方体、菱形体为主	90~95	0.8	4800~5800	<0.01 试段占65%	无较大断层的结构面疏区，分布范围较广	大多数裂隙连通，形成裂隙水网络，具各向异性
III	次块状结构	2~3	3	平直稍粗，硬性为主	0.3~0.5m³的长方体菱形体为主	85	0.75	4300~5500	<0.01 试段占60%	较大断层旁侧，裂隙较密集	裂隙水网络，各向异性不明显，渗透性较强
IV	镶嵌结构	3~4	3~4	2~3组延伸性较好	0.1~0.3m³为主菱形或楔形体	75	0.69	2600~3500	<0.01 试段占30~40%	见于裂隙较密集部位或断层影响带，岩块间呈镶嵌咬合状	形成较密集的裂隙水网络，各向异性不明显，渗透较强
V	碎裂结构	>4			小于0.1m³不规则块体为主	<30	0.28~0.50	<3000	$K=0.1\sim0.4$m/d	为胶结较差发育的软弱岩体，如碎裂岩，碎斑岩，碎粉岩及疏松—半疏松碎屑夹层较多的弱风化上亚带	岩体透水性较强，在深部时常为脉状含水体

表3.5　地下电站硐室围岩工程地质分类及支护类型表

基本因素		I类 围岩条件	I类 评分	II类 围岩条件	II类 评分	III类 围岩条件	III类 评分	IV类 围岩条件	IV类 评分	V类 围岩条件	V类 评分
A	风化状态和强度	坚硬岩石，微风化和新鲜状态。R_b = 100~60MPa	30~20	坚硬岩石，微风化及弱风化带下部。R_b = 100~60MPa 岩体完整	30~20	中等坚硬岩石，弱风化带上部，沿结构带大多弱风化加剧。R_b = 100~60MPa	20~10	破碎带加剧现象，均有风化带上部，底部较差。R_b = 30~15MPa	15~5	软岩类，全、强风化带。构造岩胶结化差。R_b < 15MPa	15~0
B	岩体完整程度	岩体完整，K_v = 1~0.75，RQD = 100~90%，J_v < 3条/m³。岩体呈整体块状结构	40~30	岩体较完整，K_v = 0.75~0.55，RQD = 90%~60%，J_v = 3~10条/m³。岩体呈块状结构	30~22	岩体完整性差，K_v = 0.55~0.35，RQD = 60~25%，J_v = 10~30条/m³。岩体呈次块状或镶嵌结构	22~14	岩体较破碎，K_v = 0.35~0.15，RQD < 25%，J_v > 30条/m³。岩体呈次镶嵌结构或碎裂结构	14~6	岩体破碎，K_v < 15。岩体呈碎裂结构或散体结构	6~0
C	结构面状态	闭合，平直稍粗。硬性结构面为主	27~21	闭合或微张，平直稍粗。硬性结构面为主，少量有风化碎屑	24~21	微张开，平直稍粗。部分起伏粗糙，部分充填风化碎屑。部分硬性结构面部分软弱结构面	21~17	起伏粗糙面为主，碎裂结构，少部分有断层泥，软弱结构面较多	17~12	部分张开，起伏稍粗面。泥质或岩屑软弱结构面。充填为主	12~6
D	地下水	干燥或零星滴水。偶星集中线状流水	0~2	零星滴水，部分普遍滴水，偶有集中线状流水	0~-2	普遍滴水，部分线状流水	-2~-6	普遍滴水，线状流水	-2~-10	线状流水，偶见涌水	-6~-18
E	主要结构面产状	与洞向近平行的陡倾角裂隙一般与洞轴线交角较大，洞顶基本无缓倾角结构面	0~-5	与洞向近平行的陡倾角结构面极少，洞顶缓倾角结构面极少	0~-5	有近与洞向平行的陡倾角结构面较少，洞顶有部分缓倾角结构面极少	-5~-10				

基本因素	Ⅰ类		Ⅱ类		Ⅲ类		Ⅳ类		Ⅴ类	
	围岩条件	评分	围岩条件	评分	围岩条件	评分	围岩条件	评分	围岩条件	评分
围岩强度应力比	>4		>4		>2		>1			
总评分	>85		84~65		64~45		44~25		<25	
围岩稳定性	稳定。围岩可长期稳定，一般无不稳定块体		基本稳定。围岩整体稳定，不会产生塑性变形，局部可能产生掉块		局部稳定性差。围岩强度不足，局部会产生塑性变形，不支护可能产生塌方或变形破坏		不稳定。围岩自稳时间很短，规模较大的各种变形和破坏都可能发生		极不稳定。围岩不能自稳，变形破坏严重	
支护类型	一般不支护或局部锚杆或喷薄层混凝土，大跨度时，喷混凝土，系统锚杆加钢筋网		喷混凝土，系统锚杆加钢筋网		喷混凝土，系统锚杆加钢筋网，跨度为20～25m时，并浇筑混凝土衬砌		混凝土置换后浇筑（钢筋）混凝土衬砌		混凝土衬砌	

注： 1. 本围岩分类是根据《水力发电工程地质勘察规范》（GB 50287—2006）并结合地下电站实际地质条件确定。
 2. 表中 K_V 为岩体完整性系数，RQD 为岩体质量指标，J_V 为体积裂隙系数。

按照表 3.4 的围岩划分标准，对地下电站勘探平硐围岩进行了类型划分和统计，统计结果为：围岩类型以 Ⅰ、Ⅱ 类为主，Ⅰ 类围岩约占 36.7%；Ⅱ 类围岩约占 48.2%；Ⅲ 类围岩（主要为胶结较好的断层带、较破碎岩脉及裂隙密集带）约占 14.6%；Ⅳ～Ⅴ 类围岩［胶结较差-差的断层破碎带（如 F_{84}）］所占比例小于 0.5%。

极微透水岩体、裂隙性弱含水，硐室整体稳定条件较好。围岩初始地应力量级不高，属中等地应力场。岩体变形破坏地质力学模式主要为不利组合块体在开挖卸荷及爆破震动等作用下的拉裂或滑移剪切变形破坏。

3.4　地下电站典型块体

三峡工程坝区岩体为坚硬的花岗岩，在坚硬状岩层中，岩体被不同成因、不同时期、不同产状和不同规模的结构面切割成形态各异的、随机分布的空间镶嵌块体。这些块体的失稳或垮落既破坏岩体的完整性和整体稳定条件，也易在施工或工程运营过程中造成灾害。因此，块体的稳定问题是地下电站工程的主要地质问题之一，有关岩石块体识别以及支护的研究在工程中受到了格外重视。

三峡工程中岩体开挖规模之大乃世界罕见，局部裂隙等结构面较发育，开挖过程中需要锚固的岩石不稳定块体数量相当巨大，块体问题较为突出，传统的手工素描地质编录方法以及块体分析方法已不能适应新形势和地质工作的需要。因此我们用 GeneralBlock 软件进行块体的搜索。该软件能及时有效的解决局部块体问题，具有快速、准确、三维可视化和自动化的优点。图像能真实、客观地体现开挖面所揭露的岩石块体，资料便于永久保存和综合利用。

3.4.1　主厂房顶拱块体

3.4.1.1　岩体裂隙

岩石块体是由裂隙（包括断层、节理等岩体中一切软弱结构面）切割完整的岩体形成的，块体的多少、大小、形状、稳定性等基本上都由裂隙的大小、多少、方向等几何特征和力学特征决定。因此，地下电站岩石块体的研究必须首先研究地下电站岩体中裂隙状况。

主厂房硐室实测裂隙总数 5365 条，其中陡倾角裂隙（倾角 60°以上）2724 条，占总数的 50.8%；中倾角裂隙（倾角 31°~60°）2047 条，占总数的 38.1%；缓倾角裂隙（倾角≤30°）594 条，占总数的 11.1%，如图 3.5 所示。

裂隙按其走向划分，以 NNW 组、NNE 组最发育，其次为 NE 组、NEE 组。

（1）NNW 组：占裂隙总数的 27.7%，以倾 NE 为主，倾角主要为 50°~70°，裂面以平直稍粗型为主，充填物主要为绿帘石，极少有风化碎屑。一般规模较长大。

（2）NNE 组：占裂隙总数的 19.0%，倾 SE 为主，主要为中缓倾角，部分为陡倾角，裂面起伏粗糙，部分为平直稍粗，充填绿帘石或无充填，少数裂面分布较薄的风化碎屑，一般较短小。

（3）NE 组：占裂隙总数的 16.5%，以倾 SE 为主，倾角 55°~75°，裂面以平直稍粗为主，充填物主要为绿帘石，极少有风化碎屑，一般规模较长大。

（4）NEE 组：占裂隙总数的 16.3%，以倾 NW 为主，倾角 60°~80°，裂面以平直稍粗为主，充填物主要为绿帘石，极少有风化碎屑，一般规模相对较长大。

NW 组和 NWW 组裂隙相对较少，所占比例为 10%左右。

NNW 组与 NEE 组两组近垂直的陡倾角结构面在下游边墙组合易构成不利块体，影响硐室的稳定；NNE 组结构面以中缓倾角为主，在顶拱易形成薄层岩体，或构成块体的顶切面，对硐室的稳定不利。

通过在厂房周围施工的 150 多个勘探孔和总长度超过 2600m 以上的勘探平硐取得的数据，在地下厂房顶拱一带共发现 180 多条裂隙。图 3.6 为三峡地下电站主厂房顶拱地质示意图，图 3.6 中只展示主要断层。

裂隙产状以走向 NNW 组最为发育（约占总数 34.8%），倾向以 SW 及 NW 向为主，以陡倾角（90°~60°）为主，约占 66.8%，次为中倾角（60°~31°），约占 22.9%，缓倾角（0°~30°）只占 11.2%。裂隙平均线密度为 1~3 条/m。数据表明这些裂隙很接近平面状，没有发现某一裂隙在不同方向上的延展性具有明显差别。因此，我们可以假设裂隙是圆盘状的平面。图 3.7 为地下电站主厂房顶拱实测裂隙极点图。

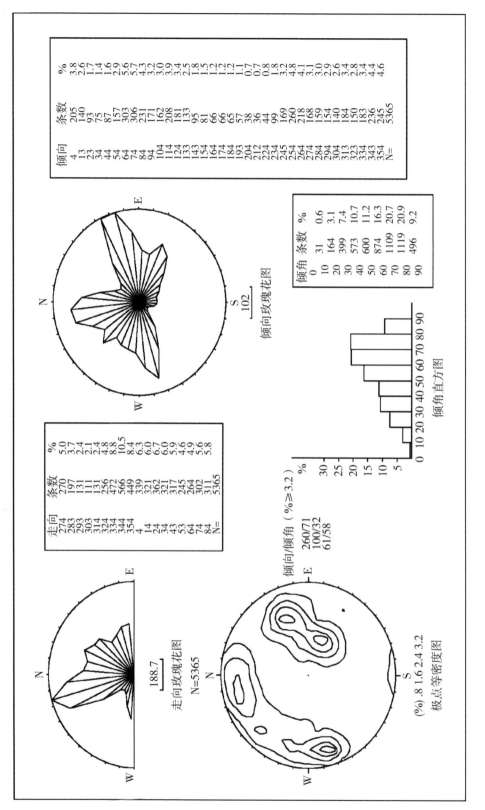

倾向	条数	%
4	205	3.8
13	140	2.6
23	93	1.7
34	75	1.4
44	87	1.6
54	157	2.9
64	303	5.6
74	306	5.7
84	231	4.3
94	171	3.2
104	162	3.0
114	208	3.9
124	181	3.4
133	133	2.5
143	95	1.8
154	81	1.5
164	66	1.2
174	66	1.2
184	65	1.2
193	57	1.1
204	38	0.7
212	36	0.7
224	44	0.8
234	99	1.8
245	169	3.2
254	260	4.8
264	218	4.1
274	168	3.1
284	159	3.0
294	154	2.9
304	140	2.6
313	184	3.4
323	150	2.8
334	183	3.4
343	236	4.4
354	245	4.6
N=	5365	

倾向玫瑰花图

倾角	条数	%
0	31	0.6
10	164	3.1
20	399	7.4
30	573	10.7
40	600	11.2
50	874	16.3
60	1109	20.7
70	1119	20.9
80	496	9.2
90		

倾角直方图

走向	条数	%
274	270	5.0
283	197	3.7
293	131	2.4
303	111	2.1
314	131	2.4
324	256	4.8
334	472	8.8
344	566	10.5
354	449	8.4
4	339	6.3
14	321	6.0
24	362	6.7
34	321	6.0
43	317	5.9
53	245	4.6
64	264	4.9
74	302	5.6
84	311	5.8
N=	5365	

走向玫瑰花图　N=5365

倾向/倾角（%≥3.2）
260/71
100/32
61/58

(%).8 1.6 2.4 3.2
极点等密度图

图 3.5　地下电站主厂房围岩裂隙统计表

北

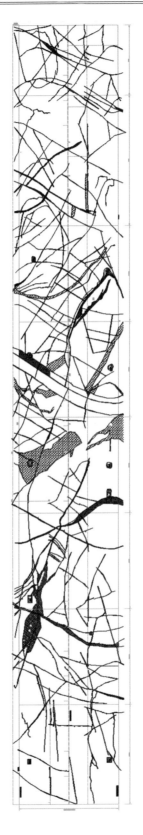

图 3.6 三峡地下厂房顶拱地质示意图

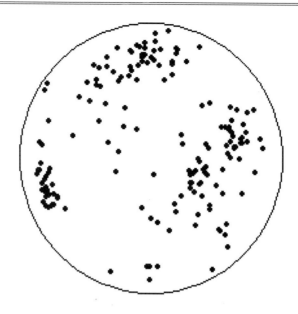

图 3.7　地下电站主厂房顶拱实测裂隙极点图

3.4.1.2　顶拱块体搜索

对于坚硬岩体中的大型地下硐室，顶拱块体稳定问题尤为重要。硐室围岩为规模不等的结构面切割形成的块状岩体，当硐室开挖成型后（或开挖过程中），必将导致一定数量、规模和大小不同的楔形块状岩体临空，成为潜在不稳定或不稳定块体，危及硐室的安全，尤其主厂房硐室，其跨度大、边墙高，形成的临空边界宽大，易出现较大规模的块体。

在 GeneralBlock 软件中输入厂房高度、长度、跨度等，模拟出三峡地下厂房顶拱的计算模型，如图 3.8 所示。输入确定性裂隙的 9 个参数：xyz 坐标、倾向、倾角、半径、隙宽、裂隙面的黏滞系数 C 值和摩擦角 Φ 值，如图 3.9 所示。三峡地下厂房顶拱主要断层在厂房开挖面上的出露迹线如图 3.10 所示。

GeneralBlock 计算所得的顶拱块体分析结果如图 3.11 所示。块体分析及结果显示是 GeneralBlock 软件的核心内容。块体分析主要包括如下内容：块体识别、块体规模计算、块体归类（埋藏、出露、可移动、不可移动等）、移动类型、滑动面确定、力学计算（滑动力、摩擦力、下滑力、支护力）、稳定系数计算。图 3.11 中可看出软件对话窗口可分 3 部分：左部是三维图形区，下部是块体分析结果表，右部有三个控制板，自上向下分别为绘图内容选择控制板（Drawing option）、锚索锚杆设计控制板（Anchored - cable，bolt design）和结果保存控制板（Save）。

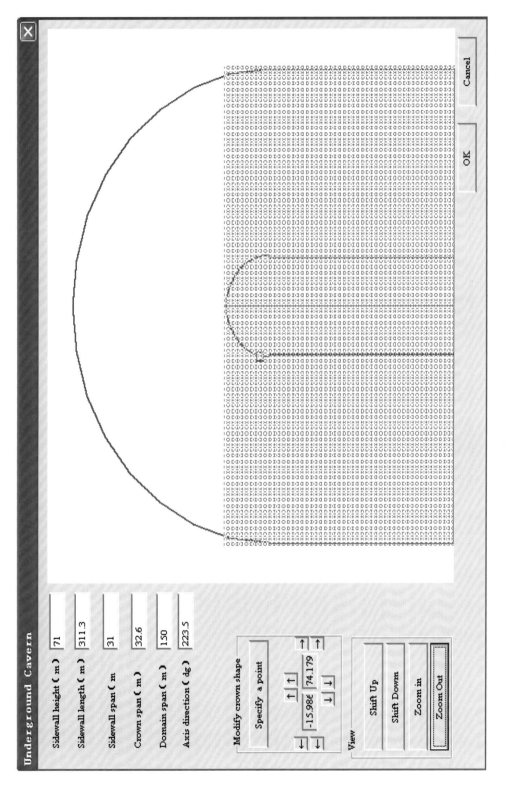

图 3.8 地下洞室几何形状定义窗口

No	X(m)	Y(m)	Z(m)	Dip-dire.(deg)	Dip(deg)	Radius(m)	Aperture(mm)	Cohe.(kgf/cm2)	Fric. Angle(deg)
1	6.299	295.110	90.290	349.000	71.000	18.000	0.002	0.120	33.000
2	-6.811	290.169	91.290	65.000	71.000	22.000	0.002	0.030	31.000
3	7.500	294.960	85.840	255.000	72.000	30.000	0.002	0.530	31.000
4	-10.842	300.330	93.203	302.000	85.000	16.000	0.002	0.030	33.000
5	23.260	268.430	96.926	104.000	35.000	23.000	0.002	1.530	31.000
6	23.298	264.631	95.450	182.000	70.000	21.000	0.002	0.400	33.000
7	18.063	280.721	94.011	152.000	32.000	18.000	0.002	0.530	31.000
8	21.493	275.454	97.011	80.000	61.000	24.000	0.002	0.530	31.000
9	-14.630	224.820	80.940	355.000	77.000	30.000	0.002	1.470	28.810
10	-14.630	224.820	80.940	277.000	73.000	30.000	0.002	1.470	28.810
11	-1.990	221.380	87.200	313.000	21.000	30.000	0.002	1.470	30.960
12	-1.990	221.380	87.200	68.000	58.000	30.000	0.002	1.530	31.000
13	-1.630	191.168	97.360	80.000	50.000	25.000	0.002	0.420	30.960
14	-0.330	200.863	99.620	255.000	76.000	17.000	0.002	0.530	30.960
15	7.470	203.410	86.090	352.000	60.000	50.000	0.002	0.110	26.565
16	-9.840	200.336	84.773	0.000	65.000	30.000	0.002	0.130	30.960
17	-16.080	189.069	91.066	305.000	87.000	15.000	0.002	0.130	30.960
18	0.000	168.840	87.300	254.000	71.000	30.000	0.002	0.730	30.960
19	-3.000	159.230	93.300	47.000	52.000	19.000	0.002	0.020	30.960
20	7.500	159.440	86.840	325.000	56.000	19.000	0.002	0.020	30.960
21	-7.500	148.320	85.840	340.000	57.000	30.000	0.002	0.040	28.810
22	0.000	59.430	88.300	101.000	34.000	21.000	0.002	1.530	31.000
23	12.200	59.100	85.840	357.000	67.000	16.000	0.002	1.530	31.000

Large fracture edit

* Select a cell by double-click, confirm correction by Enter-key; Delete a line by d-key; Insert a line by i-key.

● All fractures　　○ Connected fractures

OK　　Cancel

图 3.9　确定性裂隙输入窗口

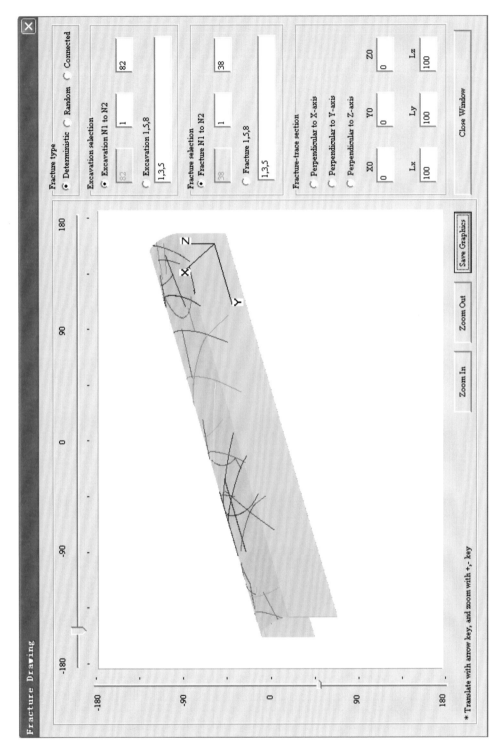

图 3.10　三峡地下厂房顶拱主要断层在开挖面上的出露迹线

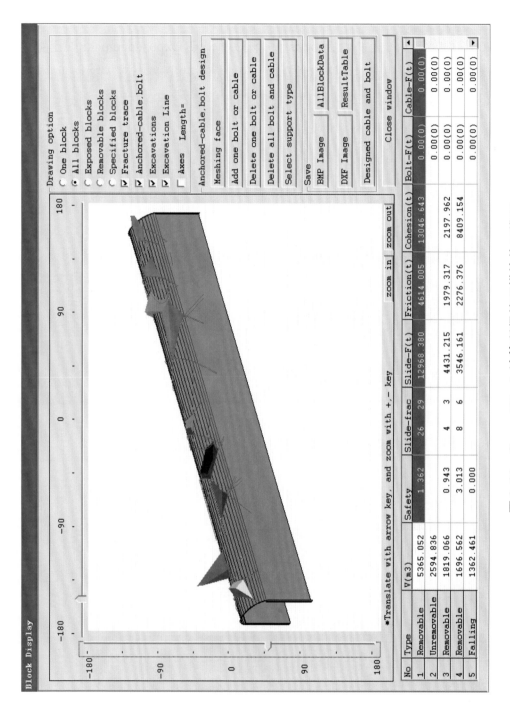

图 3.11　GeneralBlock 计算所得的顶拱块体三维图

（1）图形表示的内容主要由图 3.11 右侧的绘图内容选择控制板和锚索锚杆设计控制板决定，如，是显示所有的块体还是只显示可移动块体，是否将裂隙的迹线也与块体一起显示等。绘图内容选择控制板上有 5 个按钮：One block（单个块体）、All blocks（所有块体）、Exposed blocks（出露块体）、Removable blocks（可移动块体）、Specified blocks（某些指定块体），只能选择其一。如果选择单个块体按钮，则右侧三维图形区只显示一个块体，块体之间的切换由下部的结果表控制。在表中选择哪一行，三维图形便切换到对应的块体。窗口最初打开时，总处于单个块体显示状态。

5 个按钮后面都有一个文本框，显示形成本块体的裂隙号，这时的裂隙号是裂隙在文件中的排序号；选择所有块体按钮，三维图形区显示所有块体；选择出露块体按钮，显示所有出露在开挖面上的块体；选择可移动块体按钮，显示所有可移动的块体；选择某些指定块体按钮，在按钮后面出现一个白色的文本框，用户在空格处填入要求显示的块体号，号与号之间用逗号隔开。

排在 5 个按钮之下的是 5 个复选框，它们控制着是否显示：Fracture trace（裂隙迹线）、Anchored - cable and bolt（锚索和锚杆）、Excavations（开挖面）、Excavation line（开挖面轮廓线）、Axes（坐标轴）。开挖面是三维面，而开挖面轮廓是一些三维线，在图形显示时开挖面经常会遮挡住一些块体或块体部分，而轮廓线却不会。当选择表示坐标轴时，复选框后面会出现一个文本框询问坐标轴的长度（m），其缺省值为 50m。

（2）锚索锚杆设计控制板内有 5 个按钮，下面分别加以介绍。Meshing face（开挖面网格化）按钮有两种状态，分别是按下和松开。当按下此按钮时程序进入开挖面网格化状态，这时用鼠标在三维图上双击哪个开挖面，哪个开挖面便被表示成细小网格，网格的间隔为 1m。网格可以用来辅助测量不同点之间的距离、估计块体的大小，还可以用来作为锚杆、锚索设计时的标尺等。

"Add one bolt or cable"（追加一根锚杆或锚索）按钮也有两个状态，按下和松开。当按下此按钮时，程序进入锚杆锚索追加状态，这时鼠标每在三维图的某个开挖面上双击一次则在双击点处追加一根锚杆或锚索。鼠标必须确实击在某个面内，否则双击无效。变更当前支护种类时先点击"Select support type"按钮打开支护种类登录窗口，即可获取或变换当前支护种类。

利用网格、坐标轴等辅助手段，加之适当把三维图形放大，利用鼠标直接在三维图上设计锚杆锚索是非常便利的。在三维图上设计锚杆锚索的突出优点是直观清楚，能时刻把握他们与块体、滑动面、裂隙迹线、开挖面之间的空间关系。这一功能是 GeneralBlock 值得骄傲的功能之一。

"Delete one bolt or cable"（删除一根锚杆或锚索）按钮也有按下和松起两个状态。当按下此按钮时，"追加一根锚杆或锚索"按钮自动凸起，程序进入锚杆锚索删除状态。这时用鼠标在三维图上双击某个开挖面，在此面上距点击点最近的锚杆或锚索将被删除。因此，在使用此按钮时要注意，要及时关闭这一按钮，防止无意的删除。

"Delete all bolt and cable"（删除所有锚杆和锚索）按钮删除所有目前已经设计的锚杆和锚索。此按钮与"追加一根锚杆或锚索"和"删除一根锚杆或锚索"三个按钮必须在锚杆和锚索被三维图形显示时才有效。如果锚杆和锚索处于不显示状态，这三个按钮的点击属于无效点击，这样设计主要是出于操作安全方面的考虑。

（3）"Save"（保存）控制板上也有 5 个按钮，分别是："BMP Image"（BMP 位图）、"AllBlockData"（所有块体数据）、"DXF Image"（DXF 格式图）、"Result Table"（分析结果表）、"Designed cable and bolt"（设计的锚杆锚索）。

"BMP Image"按钮把当前窗口中的三维图形保存为 BMP 位图，按窗口原样进行保存。

"AllBlockData"按钮保存块体分析的所有结果，经此保存之后，以后再次打开此项目时不必再进行块体分析，而可以选择主菜单上的"Read saved blocks"（读入已保存的块体）。这在计算量比较大的项目中可以节约一定的时间。

"DXF Image"按钮把当前块体图保存为 DXF 格式图形，这样，方便用 AutoCAD 来处理 DXF 格式的文件。这一按钮一次只保存一个块体，因此只在显示单个块体的状态下才有效，否则程序保存缺省块体，即 1 号块体。DXF 图形保存在 TheBlock 命名的文件中，可用 AutoCAD 等软件打开。

"Result Table"把分析结果表写入到一个文本文件中，保存后可以随时查用。块体分析结果表中每一行存放一个块体。一个块体有 10 列数据，第一列为块体编号，此表中块体是按体积大小排序的。之后各列分别为种类（Type）、块体体积（V）、稳定系数（Safety）、滑动裂隙面（Slide‐frac）、滑动力（Slide-F）、摩擦力（Friction）、黏滞力（Cohesion）、锚杆力（Bolt-F）、锚索力（Cable-F）。

"Designed cable and bolt"把已经设计的锚杆锚索数据存入硬盘，以备再次打开项目时使用。

图 3.11 中的三维图形区显示了三峡地下主厂房顶拱的块体。对于三维图形的坐标系统，xoy 平面与硐室的底板一致，x 轴指向 313.5°，y 轴与硐室的中轴线一致，z 轴铅直向上。

3.4.1.3 顶拱块体特征

根据 GeneralBlock 程序计算和现场勘测，确定厂房顶拱共发育有 1-1 号、1-2 号、7～47 号共 54 个块体。可以根据块体可能产生破坏的形式或块体的规模分类。

（1）根据块体规模分类。各块体大小不一，形态各异，规模大者体积达 3 万余 m³，小者几十立方米。

1）万立方米级块体：18 号、19 号块体，体积分别为 34617m³、35680m³，占块体总个数的 3.7%。

2）千立方米级块体：块体体积一般为 1030～2595m³，最大 5365m³。即 1-1 号下块（1030m³）、7 号（1240m³）、大 9 号（5365m³）、小 9 号（4125m³）、9-1 号＋9-2 号（1380m³）、16 号（1190m³）、22 号（2595m³）、24 号[2 个（1650m³、1819m³）]、43 号（1050m³）、45 号（1696m³）块体，共 11 个，占块体总数的 20.4%。

3）百立方米级块体：块体体积为 103～947m³，一般为 110～622m³。有 1-1 号上块、1-1-1 号、1-2 号、8 号、9-1 号、9-2 号、11～14 号、20 号、21 号、22-1 号、23 号、原 24 号、24-1 号、27～32 号、34 号、35 号、38 号、39 号、42 号、44 号、46 号、47 号块体，块体个数共 30 个，占块体总数的 55.5%。

4）数十立方米级块体：其余块体为 20～90m³ 小型块体，共 11 个，占块体总数的 20.4%。

（2）按块体可能产生的破坏形式分类。根据块体的组合形式、块体形态及与厂房的临空关系，将块体可能产生破坏的形式分为坠落式、滑落式及旋转破坏三种方式。

1）坠落式块体：为完全悬空体，由互为反倾的结构面组合切割形成底大、顶小的锥形块体。包括 1-1-1 号、1-1-2 号、7 号、8 号、14 号、23 号、24-1 号共 7 个块体，占块体总个数的 13%；块体总体积 3152m³；出露面积 1225m²，占顶拱面积的 9.7%。块体顶拱径向最大深度 7.50～10.80m。

2）滑落式块体：块体重心未临空，可沿单面或双面产生滑移破坏。顶拱大部分块体以及规模较大的块体多属滑落式块体，共 43 个，占块体总数的 79.6%；块体总体积 94476m³；出露面积 5145.5m²，占顶拱面积的 40.60%。块体顶拱径向最大深度 3.00～64.00m 不等。

3）旋转破坏式块体：块体呈长条形，在短边一侧有支撑面存在，其他方向悬空。支撑面小，块体重心临空，块体由于力矩失衡而沿支撑端产生旋转破坏。主要有 11～13 号、28 号块体（4 个），占块体总数的 7.4%。块体总体积 659m³；出露面积 367m²，占顶拱面积的 2.9%。块体顶拱径向最大深度 4.00～7.00m。

3.4.1.4　顶拱块体锚固措施

主厂房顶拱上的不稳定或潜在不稳定块体主要是由顶拱上的中缓倾角结构面切割形成。三峡地下主厂房硐室跨度大、边墙高，保持顶拱施工期和运行期的稳定至关重要。因此为了保证硐室围岩稳定，需对不稳定块体或潜在不稳定块体及时实施锚固处理。

三峡地下主厂房顶拱布置有系统锚杆和锚索，并喷 15cm 厚钢纤维混凝土支护。系统锚杆为全厂房段布置，系统锚索布置在大坝坐标系 Y 桩号 49+950.90～50+195.80 洞段。系统锚杆平均间距为 1.5m，均呈径向布置，分 A 型张拉锚杆和 B 型砂浆锚杆，两种锚杆规格基本一致，孔径 66mm，钢筋直径 32mm，间距 3m，长度 9m，张拉锚杆的设计张拉力为 75kN。系统锚索为无黏结、2500kN 级型，孔径 185mm，孔深 25～30m，间距 6m，其中厂房轴线下游侧中间一排为对穿锚索。厂房开挖形态及系统支护如图 3.12 所示。

三峡地下厂房硐室围岩以硬质岩石为主，硐室的变形量很小，因此块体稳定才是顶拱稳定的重点。对于没有块体分布的位置，可取消系统锚索。通过 GeneralBlock 程序对块体稳定性初步计算可知，自重条件下，大部分块体稳定性较差或稳定系数较低，不能达到安全标准（依据设计部门安全稳定系数取值 1.5）。

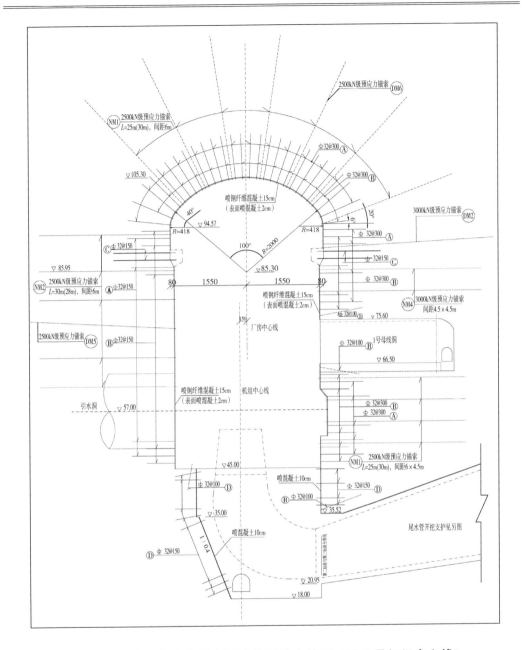

图 3.12 地下电站主厂房开挖及系统支护图（沿 1 号机组中心线）

（1）坠落式和旋转破坏式块体。坠落式和旋转破坏式块体按完全悬空体考虑，块体开挖后还未失稳主要为结构面间存在一定联结力作用，但其只应作为安全储备。按完全悬吊式加固原则，结合系统锚杆增布预应力锚索或加强锚杆等予以支护。

（2）滑落式块体。滑落式块体稳定性计算结果表明：

1）1-1 号、9 号、16 号、18 号、19 号、21 号、22 号、24 号、27 号、

29 号、32 号、35 号、38 号、43 号、47 号共 15 个块体稳定性较差或稳定系数低于安全标准，块体整体稳定性较差，需结合系统锚杆采用预应力锚索等加固措施予以专门性支护，这 15 个块体总体积 58911m³，在顶拱出露面积 3287m²，约占顶拱总面积的 25.9%。9 号、19 号块体在厂房顶拱径向最大深度分别为 46m、64m，其余 13 个块体径向最大深度均小于 25m。18 号、19 号块体为顶拱与下游边墙联合作用的大型不利稳定块体，按刚体极限平衡法计算所需锚固量很大。

2）其他块体少量稳定性较好，不需进行专门支护处理；部分块体经系统锚杆锚固后可达到稳定安全标准。

根据三峡工程已建硐室及永久船闸高边坡块体锚固的成功经验，综合考虑块体内的各种组合形式和相应设计的加固处理方案，对锚杆、锚索和块体进行了系统的安全监测。

3.4.1.5　顶拱块体监测系统设置

为了了解硐室围岩在施工期及运行期的稳定，同时对设计成果进行验证，并通过监测成果对设计的支护形式进行必要的调整，因此对地下厂房进行各种类型的监测是必要的。对块体监测的项目主要包括：变形监测、应力应变监测。监测过程中，根据已有的监测结果，及时对块体进行针对性锚固。对块体变形监测主要采用布置多点位移计。在主厂房顶拱 6 个块体部位安装 6 孔共 18 支多点位移计，每月读 3 次数据。同时，为观测厂房顶拱 16 个结构块体的锚索、锚杆的工作状态，在每个块体上分别选取 1～2 束锚索、锚杆安装锚索测力计和锚杆应力计。用于加固监测的 28 根锚杆上共安装 45 支锚杆应力计。其中，9 根砂浆锚杆和 8 根张拉锚杆上，每根在距张拉端 3m、6m 处分别焊接 2 支应力计；11 根无黏结张拉锚杆上，每根在距张拉端 3m 处焊接 1 支应力计。另外，为了对顶拱各不稳定块体的锚固效果及其预应力变化情况进行监测，在顶拱的 8 个不同块体上，安装 8 台预应力锚索测力计。预应力锚索设计张拉荷载为 2750kN，设计锁定值为 2500kN，锚索锁定后，对锚索测力计进行连续观测，确定各锚索锁定后预应力损失情况。

3.4.1.6　顶拱典型块体实例分析

选取主厂房硐室顶拱滑落式中典型块体双滑面 9 号块体进行举例说明。

9 号块体由右岸地下电站区规模最大的两条断层 F_{20} 和 F_{84} 与其他结构面

在顶拱上组合切割构成,具体位置如图 3.13 所示。由于 F_{84} 为多个断面组成的断裂带,且性状较差,加之块体范围发育有近平行于 F_{20} 的长大裂隙,可形成多种组合形式(包括 9 号块体、9-1 号、9-2 号等次级块体),其中 9 号块体属于千立方米级完全切割滑落式。表 3.6 为构成 9 号块体的主要结构面及特征。GeneralBlock 程序中 9 号块体的三维图形和计算结果如图 3.14 所示。该块体出露面积 $576m^2$,体积 $5365m^3$,最大径向深度 46m,沿 F_{84-3}、F_{20} 面滑落,自重条件下稳定系数为 1.36。

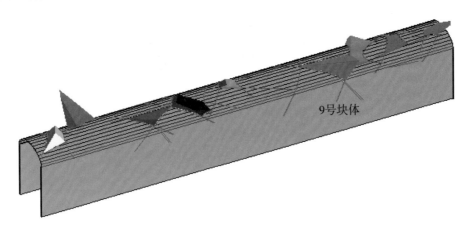

图 3.13　顶拱块体三维图

表 3.6　9 号块体的主要结构面及特征

块体编号	分布位置		边界条件的构成及特征				
	部位	桩号	编号	产状(倾向∠倾角)	结构面特征	抗剪强度建议值	
						C/MPa	f
9 号块体	顶拱中下游侧	0+201 ~ 0+241	F_{84-3}	353°∠75°	面微弯较粗,充填绿帘石膜,沿面有风化皮和风化加剧现象,构造岩较破碎,局部胶结较差	0.10	0.55
			F_{20}	248°∠78°	面平直稍粗,充填有绿帘石膜,构造岩胶结较好	0.15	0.60
			Tf_5	313~332°∠30~53°	面微弯稍粗,局部较光滑,充填绿帘石及钙质	0.15	0.60
			f_{32}	250°∠75°	面平直稍粗,充填有绿帘石膜,构造岩胶结较好	0.15	0.60

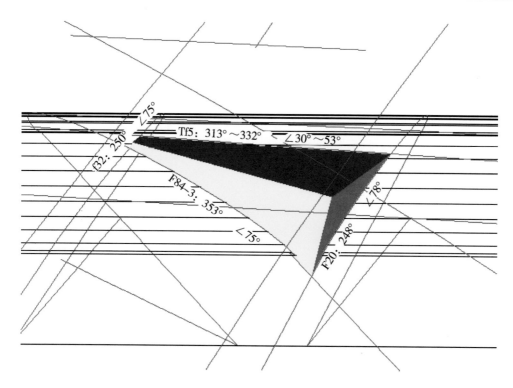

图 3.14　9 号块体三维图

为保证厂房顶拱的长久稳定，对该块体进行专项加固处理设计。9 号块体范围内有多处中缓倾角裂隙切割面，在顶拱上形成薄层状切割，对局部稳定极为不利。针对 9 号块体，设计要求在结合系统锚杆的情况下增布 250t级、长度 35m 的 4 束、25m 的 5 束、20m 的 1 束，共 10 束锚索。图 3.15 为 9 号块体锚固情况，未展示系统锚杆。图 3.15 中有 20m 黏结预应力锚索、25m 预应力锚索和 35m 预应力锚索。

针对此块体变形进行监测，布置一套多点位移计 M04DCDG。3 个锚点与开挖面距离分别为 5m、10m、19m。图 3.16（a）为该测点位移变化时程曲线。根据曲线趋势，可以判断块体的稳定状况。X 轴表示时间，从仪器基准布置时间开始至今，Y 轴表示位移值。多点位移计观测的是杆长范围内的相对变形，以拉伸为正，压缩为负。为了对 9 号块体的锚固支护、处理效果及其变化情况进行监测，在块体的 2 根张拉锚杆和 1 根砂浆锚杆上布设 3 套共 6 支锚杆应力计，距离孔口分别为 3m、6m。9 号块体的 1 套张拉锚杆应力计的应力时程曲线见图 3.16（b），应力计布置时间为 2005 年 11 月 4 日，应力的监测高程分别为 107.1m、109.9m。图 3.16（c）为 9 号块体 D97 锚

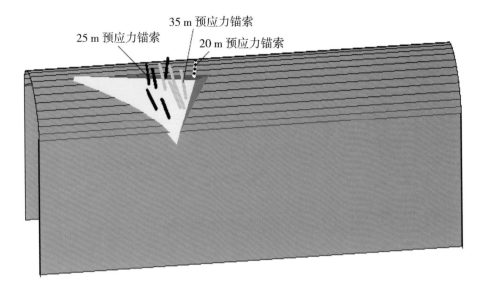

图 3.15 9 号块体锚固情况

索测力计荷载和损失率过程线，测力计布置时间为 2006 年 1 月 4 日，该预应力锚索实测超张拉值为 2722.4kN，锁定后锚索实测预应力为 2463.3 kN，预应力锁定损失率为 9.5%；规定荷载以拉力为正，压力为负。

从图 3.16 中可以看出，在开挖初期顶拱块体位移为正值，3 个锚点的位移变化趋势一致，整体向临空方向变形。其中，块体下部位移值大于上部，19m 处位移变化较小，说明距离开挖面越近，变形越大。由于开挖高度逐渐增加，垂直于厂房轴线的最大水平主应力在顶拱处形成一个逐渐增大的切向

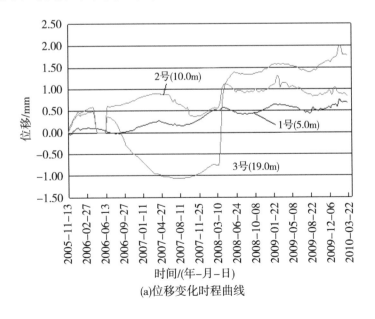

(a)位移变化时程曲线

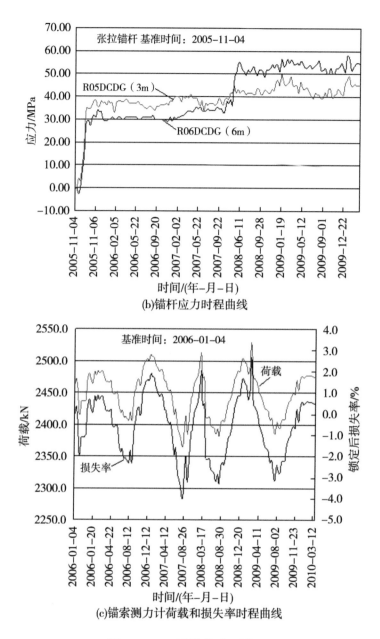

(b)锚杆应力时程曲线

(c)锚索测力计荷载和损失率时程曲线

图 3.16　9 号块体监测曲线

挤压应力拱，使 19m 处位移值转为负值，多点位移计受压缩，表示顶拱块体的上部岩体转为向上变形。如果块体整体失稳的，则沿着滑动面滑移。锚固后块体变形得到很好的控制，最大变形控制在 2mm 以内，锚固效果好。2008 年 2 月因受到主厂房机坑开挖影响。块体变形出现一定程度的波动，但总体影响不大。

从锚杆应力计的监测结果来看，9 号块体这根张拉锚杆表现为拉应力，锚杆上部拉力基本小于下部，稳定在 $30\sim60\text{MPa}$ 之间。说明 9 号块体底部存在向临空面方向的位移，使锚杆被动受拉。在后期锚杆应力变化趋于平缓，施工爆破开挖对主厂房顶拱块体监测锚杆有一定的扰动，但影响不大。块体的稳定性较好，失稳的可能性不大。

预应力锚索锁定后约一周左右的时间内，锚索预应力损失较快。在速损阶段，实测最小预应力为 2415.7kN，锁定后损失率为 1.8%。图 3.16 中锚索测力计的监测数据表明，损失率基本在 4% 以内。

根据以上变形和应力应变监测结果可知，9 号块体在此锚固措施下是稳定的，块体变形控制在 2mm 以内，锚杆应力和锚索损失率保持稳定，锚固效果较好，厂房硐室顶拱整体及块体是稳定的。主厂房块体并不是刚体状态，不同部位的变形大小，方向均不一致，具有较明显的变形局部化特征。

3.4.2 尾水渠边坡块体

影响边坡整体稳定性因素主要是岩性、岩体质量、控制性结构面特征（包括其产状、长度、宽度、发育密度等）及组合形式、坡体形态、地下水等，以及边坡面上各个方向结构面随机组合构成的对边坡局部稳定不利的几何块体。

尾水渠部位基岩以前震旦系闪云斜长花岗岩为主，右侧边坡分布少量闪长岩包裹体，其间穿插有花岗岩脉与伟晶岩脉。第四系覆盖层主要为场平的人工堆积物及坡积物，分布在右侧边坡的上部。尾水渠区基岩为全、强、弱、微风化带岩体均有分布。正面边坡为强、弱、微风化带，其中高程 81.7m 尾水平台以下主要为微风化带岩体；右侧边坡四个风化带均有分布；左侧边坡主要为微风化带岩体；尾水渠底板主要为微风化带岩体。

尾水渠区内共实测断层 42 条，以裂隙性断层为主，长度大于 100m 的有 3 条；断层主要为陡倾角，中倾角仅 3 条，无缓倾角断层分布。主要断层统计见表 3.7。

主要断层在坡面上均有出露，其性状及位置基本一致，如 F_{20}、f_{416}、f_{805}、f_{812} 等。地下电站区域规模较大的 F_{20} 断层在尾水渠部位规模变小，并在正面边坡右端尖灭。

表 3.7 地下电站尾水渠主要断层特征统计表

编号	综合产状 （倾向∠倾角）	断层带宽/m	抗剪强度参数	
			C 值/MPa	f 值
f_3^{fl}	312°∠66°	0.27	0.05	0.50
f_4^{fl}	15°∠79°	0.50～1.50	0.10	0.65
f_{811}	SW∠72～85°	0.20～0.30	0.10	0.60
f_{805}	310°∠75°	0.05～0.06	0.10	0.60
F_{20}	292°∠63°	0.20～0.25	0.15	0.60
f_{20}^{q}	331°∠80°	0.5	0.55	0.10

尾水渠边坡实测裂隙总数 3525 条，其中陡倾角裂隙（倾角 60°以上）1961 条，占总数的 55.6%；中倾角裂隙（倾角 31°～60°）1269 条，占总数的 36.0%；缓倾角裂隙（倾角≤30°）295 条，占总数的 8.4%。裂隙按其走向划分，以 NNW 组、NNE 组最发育，其次为 NE 组、NEE 组。

尾水渠区断层、裂隙主要以 NNE～NNW 向为主，其他方向的数量少、规模不大，坡内主要结构面与边坡呈大角度相交，不具备整体滑移的条件，因此尾水渠区基岩边坡整体稳定性较好。顺坡向结构面主要为Ⅳ类和Ⅴ类裂隙性面，边坡面上结构面随机组合构成的几何块体，对边坡局部稳定较不利。尾水渠边坡分布相对一定规模的块体 60 个，主要分布在正面边坡和左弧形边坡。

下面以尾水渠典型块体正面边坡 2 号块体为例。

尾水渠正面边坡长约为 280m，边坡典型断面如图 3.17 所示。其中走向 NE33.5°，坡底高程 42m，坡顶高程 120～130m，右高左低，右端最高148.82m。坡内设置有高程 135m、120m、110m、97m、65m、52m 马道和高程 82m 进厂公路（尾水平台）。高程 81.7m 以下布置有宽 20m 左右的宽大尾水平台，其下为尾水闸门槽。边坡坡比高程 122～110m 为 1:1.2、高程 110～97m 为 1:0.5、高程 97～81.7m 为 1:0.3，高程 110m 马道设计宽为5m。高程 65m 马道以上四级边坡设计坡比为 1:0.3～1:1.2，高程 65m 以下二级边坡均为直立坡。在高程 122m 平台及外侧坡顶分布有 1～2m 厚人工回填风化砂夹碎块石。高程 122～110m 边坡主要为全、强风化带岩体。坡体内与边坡走向夹角较小、倾向坡外的 NNE 组中缓倾角裂隙较发育，该组结构面与其他方向的结构面随机组合后在正面边坡形成了较多的块体。

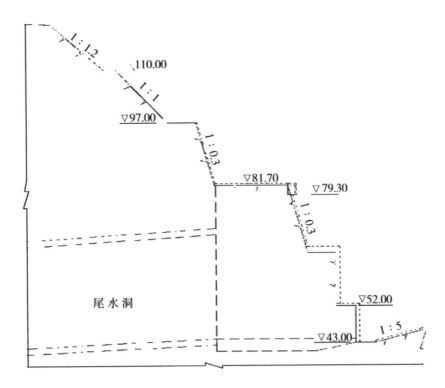

图 3.17 尾水渠正面边坡典型断面图

在已知各阶边坡的马道宽度（W_1，W_2，W_3）、高度（H_1，H_2，H_3）、倾角（D_1，D_2，D_3），以及边坡的长度（L）和倾向（D_d）等参数下，利用GeneralBlock 软件，模拟出三峡地下电站尾水渠正面边坡 81.7m 以上坡段的计算模型，如图 3.18 所示。

2 号块体位于 2 号尾水洞及以左侧的地面坡上，由与边坡呈小角度斜交的裂隙 T_{11}、T_{16} 与 T_{12} 组合切割构成，为双滑面块体，体积约 1800m^3。结构面的交棱线倾向坡外，顶点在高程 122m 坡顶内侧约 7m，底端点在高程 110～97m 边坡底线外侧约 0.4m。在高程 122～110m 边坡顶部的近平行边坡走向的断层 f_{805} 亦可构成后缘切割面，形成次级块体。表 3.8 为构成 2 号块体的结构面特征。在软件中输入各结构面参数，并进行块体识别和稳定性分析，图 3.19 展示了 GeneralBlock 程序中 2 号块体的三维图形和计算结果。图 3.19 中可以看出 2 号块体体积为 1809m^3，沿 T_{11}、T_{12} 滑动，属于双滑面块体，高程 97m 马道成型后，块体下部近完全临空，因此稳定系数较差，需对块体进行加固处理。

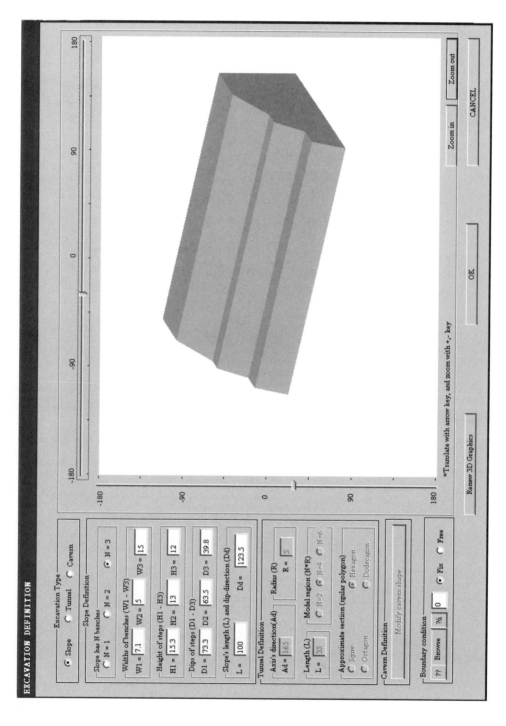

图 3.18 尾水渠正面边坡的计算模型

表 3.8 构成 2 号块体的主要结构面及特征

块体编号	分布位置		构成边界条件及特征				
	部位	高程/m	编号	产状（倾向∠倾角）	结构面特征	抗剪强度建议值	
						C/MPa	f
2 号块体	正面边坡	122～97	T_{11}	62°∠40°	面平直较光滑，沿面两侧 3cm 蚀面呈紫红色	0.05	0.55
			T_{12}	140°∠36°	面平直较光滑，沿面两侧 3cm 蚀面呈紫红色	0.15	0.65
			T_{16}	90°∠45°	面平直稍粗，沿面有 5～10mm 伟晶脉分布	0.05	0.55
			f_{805}	310°∠75°	面微弯稍粗，充填绿帘石 1～2mm，并见擦痕	0.10	0.60

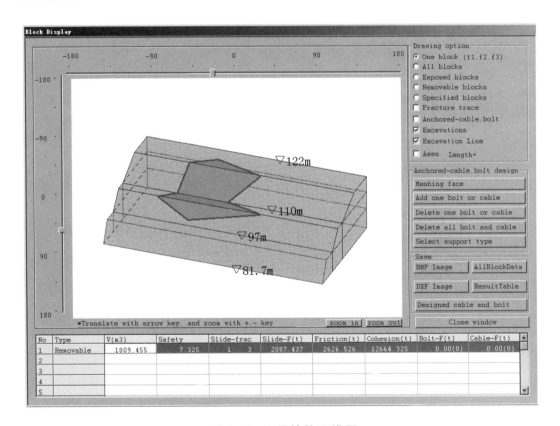

图 3.19 2 号块体三维图

地下电站机组运行发电后，尾水边坡高程 66.6m 以下将淹没于水下，边坡将受到电站尾水冲刷，边坡一旦变形破坏或失稳后将不易修复。为此，尾水渠右侧边坡、左侧边坡高程 81.7m 以下坡面设置厚 0.5m 的钢筋混凝土护坡，正面边坡尾水平台以下槽挖后岩墩部位亦将有 1m 厚的钢筋混凝土护坡。坡面上布置系统锚杆进行支护，系统锚杆间距 2.5m，深度 6～9m，梅花形布置。另外，设计部门考虑每个块体的大小和稳定状态，分别采取了挖除、局部挖除或锚杆、锚桩、锚索等加固措施，以确保块体和边坡的长期稳定。

针对 2 号块体的加固，在块体面上增加了 25 根 Φ100mm 锚桩及 90 根 Φ25 锚杆。其中，钢筋长度及孔深为 12m 的锚桩 5 根，钢筋长度及孔深为 9.0m 的锚桩 16 根。锚桩孔内插 4 根 Φ32 钢筋，锚桩、锚杆孔均采用水泥砂浆灌注，锚桩孔封孔压力为 0.3MPa。图 3.20 展示了 2 号块体锚固情况。

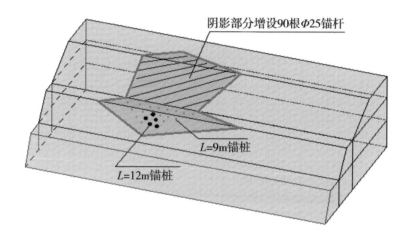

图 3.20　2 号块体锚固情况

第4章 地下厂房围岩块体化程度

裂隙的存在使岩石区别于其他材料，在力学性质上比其他材料更加复杂。裂隙会在岩体中相互交切，圈闭成各种规模和形状的孤立块体。如果岩体中裂隙非常稀疏，块体在岩体中只是偶然现象，块体的总体积在整个岩体中只占很小的比例，岩体呈连续介质状态，则说岩体块体化程度非常低；相反，如果岩体中的裂隙密集而长大，则块体在岩体中会成为普遍现象，岩体完全呈孤立的块体体系，则说岩体块体化程度非常高，成为名副其实的块体集合体。在自然界中，大多数岩体既不是连续介质，也不是孤立的块体体系，而是介于两者之间。本章的内容即是量化三峡地下电站厂房的岩体可以被视为孤立块体体系的程度。

4.1 不同裂隙岩体的块体化程度

4.1.1 形成岩石块体的裂隙

岩体结构完整性好坏、岩体块体化程度大小的关键因素是裂隙，其不同的几何特征也可以被单独进行统计学上的分析。结构面的形态及其在岩体内部的分布导致了岩体的不同结构，所以一直以来都有很多国内外的学者致力于建立结构面在岩体内分布的模型。目前最常用来描述裂隙形状的模型有两类：一类是多边形模型（Dershowitz，1984）；另一类是圆盘模型（Beacher等，1978）。前者使用起来比较困难，仅仅只描述一个多边形裂隙的大小和形状也需要较多的参数。后者裂隙面呈圆盘形或椭圆形，裂隙面可以由圆盘的直径或椭圆的长、短轴来描述，表示的裂隙面为有限的圆盘状，几何参数相对较少。因此圆盘模型在对岩体进行的应力应变分析、稳定性分析上应用比较广泛，无论是在理论上还是在实际工程应用上，目前绝大多数情况下都把裂隙看作是圆盘形。因此，后者更常用（Kulatilake 等，1993；Zhang 等，2000；Priest 等，2004），本书也采用圆盘模型。这种情况下，裂隙面的延展性可以用圆盘的半径进行描述（Priest，2004；Katherine 等，2006；Zhang 等，2000）。

块体是由裂隙相互交切圈闭而形成的，其几何特征自然受裂隙的几何特征的影响。裂隙的几何参数包括裂隙规模、方位、隙宽、间距、密度等。以下从裂隙方位、间距、延展性等几个方面来讨论其对岩体块体化程度的影响。

裂隙的方位对形成块体的空间几何形状产生了直接的影响，裂隙切割岩体所产生的所有小块体，无论是正方体还是长方体，对于计算岩体块体化程度并没有影响。

裂隙的间距是指同一组内相邻裂隙面之间的垂直距离，这个距离在不同裂隙之间是不同的，一般把一定长度测线上所有相邻裂隙的间距测量出来求平均值，或者通过钻孔的裂隙编录数据来确定。

裂隙的一维密度 d_1（单位：$1/m$）是指垂直裂隙面方向上单位长度钻孔遇到的裂隙条数，是根据间距换算得到的，它是间距的倒数。即一维密度 d_1 与裂隙面间距 s 的关系为

$$d_1 = \frac{1}{s} \tag{4.1}$$

在一个二维露头上，裂隙表现为一条线，其大小可用长度来描述。二维密度 d_2（单位：$1/m^2$）为单位面积范围内裂隙迹线的条数。

但在三维上，问题会变得更复杂：裂隙的大小和裂隙的三维形状相关，而裂隙的三维形状却是一个尚未很好解决的问题。三维密度 d_3（单位：$1/m^3$）为单位体积岩石内裂隙圆盘中心点的个数。在一定体积岩体内生成多少裂隙由裂隙的三维密度控制。

裂隙一维密度和二维密度可以由实测数据得到，而三维密度是一个非常难以确定的参数。在野外，通过测得沿钻孔、测线方向裂隙每米有多少条这样的数据，然后进行角度换算得到垂直于裂隙面方向上裂隙每米有多少条。即一维密度 d_1 可用以下公式计算：

$$d_1 = \frac{n}{L \sin\beta \cos\alpha} \tag{4.2}$$

式中：L 为测线长度；n 为裂隙条数；α 为裂隙面法线在出露面上投影与测线的夹角；β 为裂隙的倾角。

　　二维密度可以通过露头调查裂隙在单位面积上的条数来确定，但却无法直接观测裂隙的三维密度，只能利用一维、二维密度进行推测。美国岩石学会（1996）年提出了一个简单的关系式：

$$N_L = N_V A \cos\theta \tag{4.3}$$

式中：N_L 为沿测线（或钻孔）方向的裂隙频率，即为一维密度；A 为平均裂隙面面积；θ 为裂隙面与测线间的夹角。如果裂隙采用上述的圆盘模型，假设裂隙为圆盘状，则依据上式，裂隙的三维密度和一维密度之间存在简单的函数关系（于青春等，2003）：

$$d_3 = \frac{4d_1}{\pi E(D^2)} \tag{4.4}$$

式中：d_3 为三维密度；d_1 为一维密度；$E（D^2）$ 为裂隙直径平方的均值。

　　裂隙面的间距及密度是表示岩体裂隙面发育密集程度的指标，在密度一定的条件下，裂隙越大，越能在岩体中形成更多的块体；而在裂隙大小不变的条件下，裂隙越密集，所形成的块体越多，单个块体的体积越小。

　　裂隙的延展性同样对岩体块体化程度产生直接的影响。裂隙的延展性是指裂隙面平面面积的大小或者在空间上的延展程度，也称为裂隙的连续性或规模，是裂隙面最重要的几何参数之一，也是最难量化的参数之一。裂隙的延展性的大小可由裂隙面与露头面的交线，即迹长来近似地表示。它对其切割岩体能否形成封闭的块体有直接的影响：裂隙的延展性越大，其切穿裂隙间距的可能性越大，形成块体的概率越大，得到的岩体块体化程度也就越高。

　　因此，岩体内部是否存在块体及其规模大小主要由裂隙的间距和延展性共同作用。关于这两个参数的定量描述国际岩石力学会（ISRM，1978）做出过明确建议，将岩体裂隙迹线长度分为 5 个级别，间距分为 7 个级别。表4.1、表 4.2 分别为建议的延展性分级表和间距分级表。

　　岩体中裂隙的组数以及彼此的角度关系对裂隙能否彼此交切形成块体也具有很大影响。如果岩体中只有一组或两组裂隙就很难形成块体，形成块体至少要 3 个不同方向的裂隙相互交切。而且不同组的裂隙之间的交切还与裂隙的大小及空间位置密切相关。即使在很小体积的岩体内裂隙的数量也会是很大的，在对所有裂隙进行分组时，不同人会有不同的结果。不同组的裂隙之间的交切还与裂隙的大小及空间位置密切相关。在自然岩体中即使是同一组裂隙，其方位也不会完全相同，会有一定的分布形式。常见裂隙面方位分布形式包括 Fisher 分布、均匀分布、正态分布、双正态分布等几种（徐光黎等，1993）。因此，问题会变得非常复杂。为了简化裂隙各几何参数对于岩体块体化程度的影响，假设同一组裂隙间距相同。

表 4.1　岩体裂隙延展性分级表

延展性分级	界限值/m
非常低	<1
低	1～3
中等	3～10
高	10～20
非常高	>20

表 4.2　岩体裂隙间距分级表

间距分级	界限值/mm
极密	<20
很密	20～60
密	60～200
中等	200～600
宽	600～2000
很宽	2000～6000
极宽	>6000

综上所述，描述裂隙几何特征的参数主要包括：裂隙组数、每组裂隙的大小（或延展性）、密度（或间距）、裂隙的产状。其中影响岩体块体化程度的主要因素是裂隙的延展性（或大小）和间距（或密度）。将裂隙延展性和间距两者结合，得出两者综合影响下的岩体块体化程度，并引入块体百分比这个指标，来衡量岩体块体化程度。

4.1.2 块体百分比

在本书中，作者定义了新的岩体块体化程度的指标：块体百分比。块体百分比是指岩体中由裂隙圈闭形成的孤立块体的总体积在岩体中所占体积的百分比，范围为 0～100%。其公式如下：

$$B = \frac{\sum\limits_{i=1}^{n} v_i}{V} \times 100\% \tag{4.5}$$

式中：v_i 为各块体的体积；n 为块体个数；V 一般为人为划定或者岩体模拟中的岩体总体积。

用块体百分比 B 这一指标作为岩体块体化程度的数值衡量，它反映岩体在多大程度上被裂隙切割成离散块体体系，因此，可以作为描述岩体性质的基本参数。其最大的优点是可以直观地反映岩体被裂隙切割的程度，B 值很小时，接近于 0，表示岩体完整性很好，岩体内存在的裂隙数量相对较少，而且没有圈闭形成大量的岩石块体；而当 B 值很大时，接近于 1，表明岩体被裂隙切割严重，呈完全的破碎结构，这种情况下，一般裂隙的密度比较大，间距比较小。

在式（4.5）中，V 有人为因素的影响，因此求解块体百分比过程中关键问题是岩体范围的选取。统计岩体形成块体的规律，无论是通过现场数据做数学统计，还是建立岩体结构模型，都涉及岩体范围的选取。岩体范围取的太小，即从统计的角度上，结果的随机性太大，统计不出规律，结果不具有代表性意义。而岩体范围取的太大，岩体范围包含更多的裂隙，三维裂隙网络的建立及块体识别分析的计算规模受内存的制约，可能会造成计算量过大，数据溢出，超出了当前计算机的计算能力，很难得到计算结果。因此用计算机模拟来研究岩体中先要解决的问题是选取适合的岩体范围。

建立裂隙岩体数学模型需要对岩体中的每个裂隙的几何参数进行数学描述，包括裂隙的空间位置、大小、方向、形状等。由于岩体实际存在的裂隙数量之大以及野外测量所能得到裂隙数据的有限，在对裂隙进行数学化描述时，在每组裂隙内，裂隙的空间位置、大小、密度（或间距）、产状都应看作是随机变量，建立随机的裂隙网络模型。在建立裂隙网络模型及进行块体识别分析时，随机误差对结果的影响较大。例如裂隙的空间分布，我们采用的是三维泊松分布，也即假设裂隙在空间均匀分布。但这样的简化会产生误差，因为从理论上讲，同等大小的三维空间内所包含的裂隙中心数量是相同的。但是由于计算机产生的随机数是伪随机数，按照这样的条件产生的三维裂隙网络，会有一定的误差。这种误差可以通过进行多次模拟来降低。在本书进行的模拟中，假设裂隙在空间均匀分布，所有裂隙延展性相等，这种假设也将问题大大简化，更有利于结论的得出。

4.1.3　35 种裂隙岩体

建立裂隙岩体数学模型时，将裂隙的几何参数处理为随机变量，要考虑这些参数的分布形式、均值、方差以及他们的组合，同时考虑到不同的岩体裂隙组数也会不同，要分析如此众多情况下岩体的块体，研究其几何特征，所要完成的工作量是非常庞大的，也难以得出一般性的规律。

因此，本书尽力简化裂隙模型，重点研究裂隙的延展性（或大小）和间距（或密度）的影响。野外裂隙相互交切形成块体的模式千差万别，最常见、最简单的模式是 3 组裂隙高角度相交形成近似平行六面体的块体（Yang Z Y 等，1998；Jason C R 等，1998；Kuszmaul J S，1999；ArildPalm-strom，2005）。为此，本书主要研究 3 组裂隙高角度相交这种野外最常见模式，假设裂隙有 3 组并正交；在一组裂隙内假设所有裂隙相互平行且大小相同，这样可避开讨论裂隙大小及方向的随机分布形式和方差的影响，只有这样裂隙的三维密度与一维密度之间才有式（4.4）的简单数学关系；假设裂隙的三维空间位置在模型范围内均匀分布。

关于裂隙的延展性和间距的定量描述，不同学者有不同的取值（韩爱果等，2003）。根据国际岩石力学学会 1978 年做出的延展性分级表和间距分级表，见表 4.1 和表 4.2，取各等级规定的上下界限的中间值作为代表值，就可构建 35 种不同长度、不同间距的裂隙模型，如图 4.1 所示。如：规定中等间距为 $200\sim600\mathrm{mm}$，取中间值为 $400\ \mathrm{mm}$；中等延展性规定为 $3\sim10\mathrm{m}$，取中间值为 6.5m。表 4.3 为 35 种不同大小、不同间距的裂隙模型参数，包括每个模型的裂隙直径 D、间距 C、三维密度 d_3。根据表 4.3 的参数利用随机模拟方法，可做成 35 种不同大小裂隙、不同间距的裂隙网络模型。

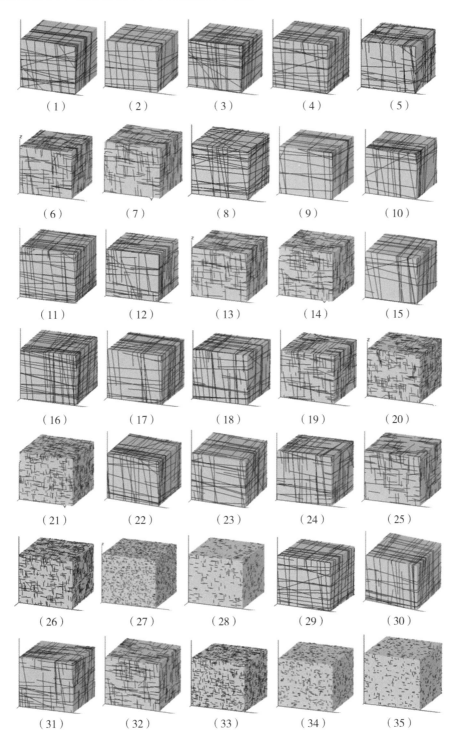

（1）　　　　（2）　　　　（3）　　　　（4）　　　　（5）

（6）　　　　（7）　　　　（8）　　　　（9）　　　　（10）

（11）　　　（12）　　　（13）　　　（14）　　　（15）

（16）　　　（17）　　　（18）　　　（19）　　　（20）

（21）　　　（22）　　　（23）　　　（24）　　　（25）

（26）　　　（27）　　　（28）　　　（29）　　　（30）

（31）　　　（32）　　　（33）　　　（34）　　　（35）

注：图中（1）～（7）为非常高延展性、极密-极宽间距；（8）～（14）为高延展性、极密-极宽间距；（15）～（21）为中等延展性、极密-极宽间距；（22）～（28）为低延展性、极密-极宽间距；（29）～（35）为非常低延展性、极密-极宽间距。

图 4.1　35 种裂隙岩体模型

表 4.3　35 种裂隙岩体的裂隙间距、延展性、三维密度表

延展情况	不同间距下的三维密度						
	极密间距 $C=0.02\text{m}$	很密间距 $C=0.04\text{m}$	密间距 $C=0.13\text{m}$	中等间距 $C=0.4\text{m}$	宽间距 $C=1.3\text{m}$	很宽间距 $C=4\text{m}$	极宽间距 $C=6\text{m}$
非常高延展性的 $D=20.0\text{m}$	0.1592	0.0796	0.0245	0.0080	0.0024	0.0008	0.0005
高延展性的 $D=15.0\text{m}$	0.2829	0.1415	0.0435	0.0141	0.0044	0.0014	0.0009
中等延展性的 $D=6.5\text{m}$	1.5068	0.7534	0.2318	0.0753	0.0232	0.0075	0.0050
低延展性的 $D=2.0\text{m}$	15.9155	7.9577	2.4485	0.7958	0.2449	0.0796	0.0531
非常低延展性的 $D=1.0\text{m}$	63.6620	31.8310	9.7942	3.1831	0.9794	0.3183	0.2122

4.1.4　各种岩体的块体化程度

用 GeneralBlock 对表 4.3 中 35 种不同几何参数的裂隙岩体进行三维裂隙网络模拟并进一步进行块体识别计算。计算结果可以得到相应模拟的裂隙岩体中存在的所有块体及其几何参数，再依据式（4.5）计算其岩体块体百分比。书中用块体百分比来确定各不同裂隙岩体的块体化程度。在理论上，当模型的研究范围较小时，块体百分比波动较大，随着研究范围的增大，块体百分比趋于稳定值。基本实现过程如图 4.2 所示。

根据刘晓非（2010）的结论：当岩体内三组相互正交且间距为常数的裂隙情况下，裂隙切割岩体能形成块体的临界条件为：$L>\sqrt{2}C$。因此，对每种岩体模型，模型的范围选取从 2 倍裂隙间距一直取到 16 倍裂隙间距。而且对于每个模型，都采用了多次实现以减小误差的方法。

由于在模拟的岩体区域内裂隙的三维密度是定值，因此所取研究范围越小，其包含的裂隙就越少，反之则其包含的裂隙数量增加，单条裂隙对于岩体块体百分比产生的影响就越小。图 4.3 是这 35 种裂隙模型中比较有代表性的 3 种模型，表现出所取模型范围不同时，岩体被切割的情况。

1. 输入裂隙几何参数和岩体模型的研究范围
2. 生成随机裂隙，建立三维裂隙岩体模型
3. 裂隙迹线的计算和块体识别，及其三维图像显示
4. 利用结果，求块体百分比B
5. 分析B值随模型范围的变化曲线，确定REV值

图 4.2　计算过程流程图

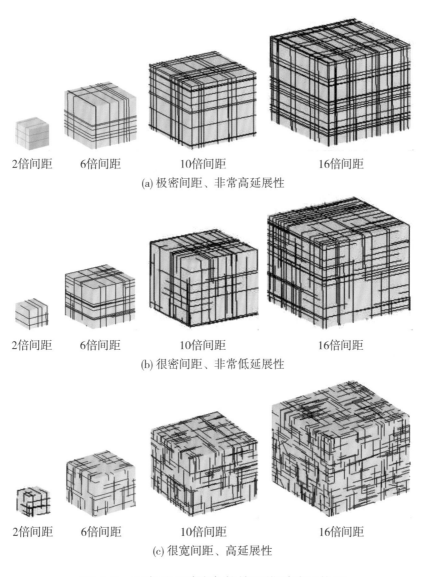

图 4.3　3 种不同裂隙参数的三维裂隙网络图

图 4.3 为选取的三种有代表性的岩体，每种岩体的模型范围都选择了 2 倍间距、6 倍间距、10 倍间距、16 倍间距，用以表示岩体结构模型所选取范围不同时岩体结构的区别。图 4.3（a）为极密间距、非常高延展性模型（间距为 0.02m，直径为 20.0m）；图 4.3（b）为很密间距、非常低延展性模型（间距为 0.04m，直径为 1.0m）；图 4.3（c）为很宽间距、高延展性模型（间距为 4m，直径为 15m）。

为了研究不同裂隙条件下岩体块体化程度的波动情况，对以上描述的 35 种裂隙模型利用 GeneralBlock 软件进行块体识别及块体统计分析。图 4.4 是图 4.3 中所示的 3 个模型的块体发育情况。图 4.4 中的裂隙大小、间距及模型范围与图 4.3 相同。图 4.4（a）为间距 0.02m，直径 20.0m 的岩体模型，在这样的参数下，岩体被切割严重，呈完全碎裂的结构；图 4.4（b）为间距 0.04m，直径 1.0m 的

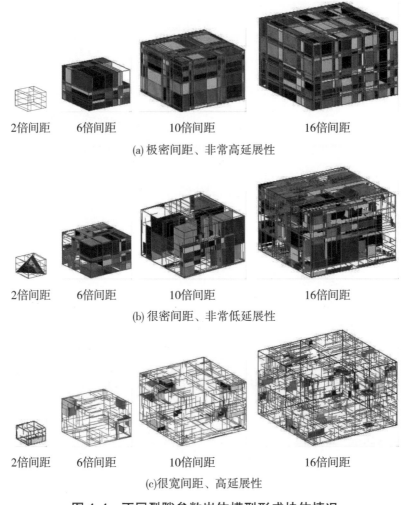

图 4.4　不同裂隙参数岩体模型形成块体情况

岩体模型，当模型范围取 2 倍间距时，裂隙几乎完全切断岩体，而随着模型范围增大，岩体模型的特征逐渐体现出来；图 4.4（c）为间距为 4m、直径 15m 的岩体模型，岩体的完整性较好，几乎没有形成块体。

对 35 个模型中每个模型不同研究范围下的块体化程度进行了计算。因为有些模型中裂隙密度非常小，对岩体切割不严重，裂隙的间距与直径构不成形成块体的基本条件，形不成大量的块体，因此不能绘制波动图。此时，这类岩体块体百分比接近于零，岩体整体质量非常好，结构完整，类似于图 4.4（c）的情况，在这种情况下，从岩体块体百分比的角度讲，岩体与连续性介质区别较小，相当于连续介质，即所取岩体的块体化程度与岩体所取范围没有关系，无论岩体范围大小，岩体块体化程度都非常低。图 4.5 展示了各模型块体化程度随研究范围的波动情况。

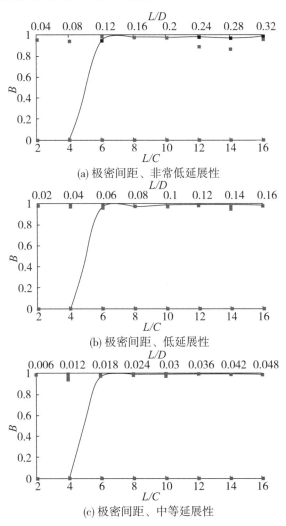

(a) 极密间距、非常低延展性

(b) 极密间距、低延展性

(c) 极密间距、中等延展性

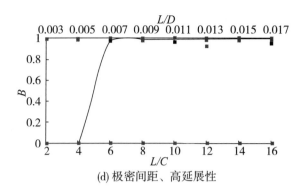

(d) 极密间距、高延展性

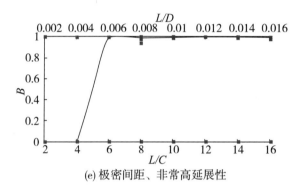

(e) 极密间距、非常高延展性

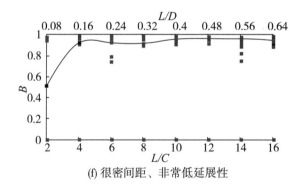

(f) 很密间距、非常低延展性

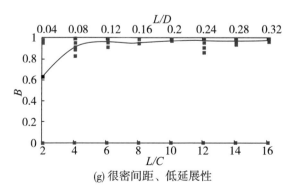

(g) 很密间距、低延展性

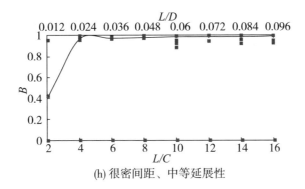

(h) 很密间距、中等延展性

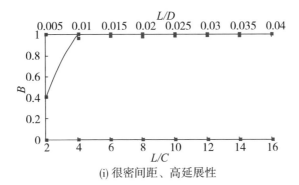

(i) 很密间距、高延展性

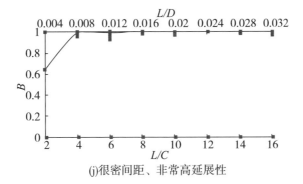

(j)很密间距、非常高延展性

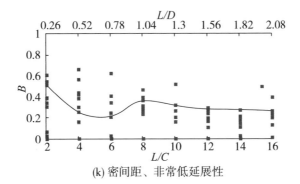

(k) 密间距、非常低延展性

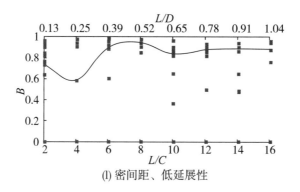

(l) 密间距、低延展性

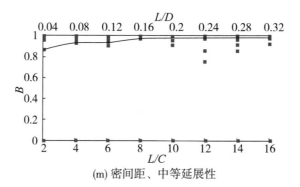

(m) 密间距、中等延展性

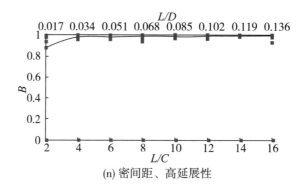

(n) 密间距、高延展性

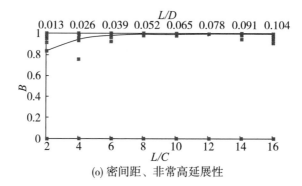

(o) 密间距、非常高延展性

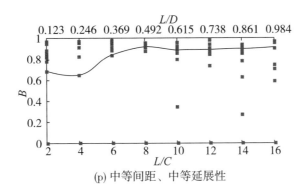

(p) 中等间距、中等延展性

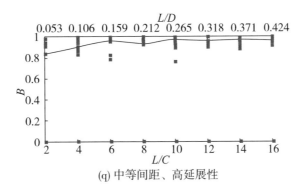

(q) 中等间距、高延展性

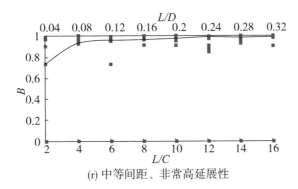

(r) 中等间距、非常高延展性

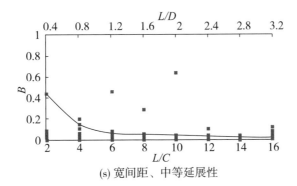

(s) 宽间距、中等延展性

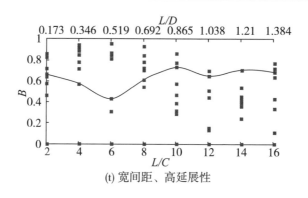

(t) 宽间距、高延展性

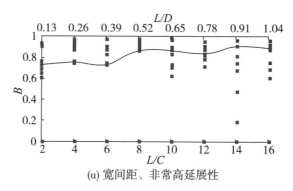

(u) 宽间距、非常高延展性

图 4.5　各模型块体化程度与尺寸的关系图

图 4.5 中纵轴代表岩体块体化程度，即岩体中由裂隙圈闭形成的孤立块体的总体积在岩体中所占体积百分比。横轴有两个，分别表示一个无量纲长度，底部的横轴表示研究范围长度 L 与裂隙间距 C 的比值，上部横轴表示研究范围长度 L 与裂隙直径 D 的比值。裂隙的位置在研究范围内是均匀随机分布的，即使裂隙的长度、密度和模型范围不变，岩体的块体化程度也可能因裂隙位置的不同而不同。由于所建立的岩体结构模型是随机的，对每个模型进行了多次随机实现，图 4.5 中的曲线表示的是多次随机实现的平均值。

有些模型不能生成这样的关系图，是因为这些模型中裂隙密度较小。这类岩体块体化程度非常低，几乎接近于零，岩体质量非常好，结构完整，图 4.5（c）很宽间距、高延展性的岩体模型就是类似这种情况。在这种情况下，从块体化程度的角度，岩体与连续性介质区别较小，可以等同于连续介质，与岩体范围取值没有关系。

4.2　基于块体化程度的表征单元体

从 35 个岩体模型不同岩体范围下的块体识别计算结果，可以看到块体百分比随模型范围不同而变化，最后趋于稳定。在三维条件下，存在这种岩体的某一参数随着所取的岩体范围增大而趋于稳定的现象。潘欢迎等（2006）基于溪洛渡水电站坝区裂隙发育特点，通过对野外裂隙测量和统计分析，得出裂隙发育的统计规律，建立三维裂隙网络模型，分析裂隙率随体积变化的关系，得出了该区域的表征单元体体积大小。徐磊等（2008）进行了岩体结构面三维表面形貌的尺寸效应研究，研究表明，在一定的尺寸范围内，岩体结构面三维表面形貌具有明显的尺寸效应，其描述参数值随着结构面尺寸的增大而减小；当结构面尺寸超过某一临界值后，岩体结构面三维表面形貌的描述参数值趋于稳定。

这种现象产生的主要原因是由于岩体与一般均匀介质的不同。岩体由于各种地质作用，在其内部形成了大量的结构面，包括层面、节理、裂隙、劈理等，它们使岩体呈现出不均匀性、非连续性、各向异性等性质（刘佑荣等，1999）。岩体的这些性质为岩体力学参数及结构特征参数等的求解提出了一系列需要解决的问题。因为对于岩体的复杂性，岩体的很多参数都只有在存在表征单元体时才具有意义，才能够将连续介质力学的各种方法应用于岩体。如果随着所取岩体范围的增大而裂隙的密度没有规律，达不到一个稳定值，那么对于此岩体来讲，裂隙密度就是没有意义的一个参数。因此任何有关岩体的研究，尤其是对岩体力学参数的研究都离不开表征单元体的概念。

4.2.1　表征单元体的概念

表征单元体（representative elementary volume，REV）是裂隙岩体中不可或缺的概念。对岩体来说，表征单元体的存在是应用连续介质力学方法对其进行研究的前提。正如只有当某岩体存在渗透表征单元体时，其渗透张量才有定义，才能够将多孔介质方法用于这一岩体（夏露等，2010）。

由于岩体表征单元体概念的基础性，长期以来引起了众多学者关注。不同学者从不同角度对岩体 *REV* 进行了讨论。Bear（1972）从孔隙度的角度对岩体 *REV* 进行了研究。图 4.6 为 Bear 通过孔隙度对表征单元体定义的图示。从图 4.6 中可以看出，随着研究范围尺寸的增大，岩体的某一参数会发生剧烈波动，当其尺寸增加到某一临界值时，该参数会基本稳定，不再剧烈变化，这一临界尺寸就称为该参数的 *REV*。

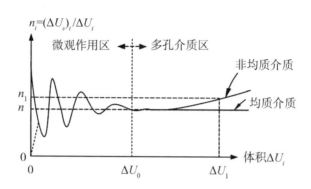

N—孔隙度；ΔU_i—考察范围介质总体积；$(\Delta U_V)_i$—ΔU_i 内孔隙的体积

图 4.6　孔隙度及表征单元体的定义

Long（1982）、Wang & Kulatilake（2002）等从渗透张量的角度讨论了表征单元体的存在性和尺度问题。Long 的研究成果表明，裂隙密度越大，岩体 *REV* 存在的可能性越大。Wang & Kulatilake 对某种片麻岩的渗透性进行了研究，当片麻岩正方体岩块边长大于 12.5m 时，南-北方向、东-西方向及竖直方向的定向水力传导系数不再随岩块尺寸变化，于是认为片麻岩岩体 *REV* 尺寸约为 12.5m。向文飞（2005）等考虑了二维裂隙岩体模型，利用有限元法分析岩体单轴受压情况下的等效弹性模量随岩体尺寸的变化规律来确定 *REV* 的大小，其确定所考虑岩体的 *REV* 约为 9m×9m。张贵科（2008）等考虑结构面几何参数和力学参数，以岩体内所有结构面在某截面上的投影面积之和与岩体体积的比值作为衡量岩体 *REV* 尺度的指标，得出了岩体 *REV* 尺度约为典型节理迹长 3～4 倍的结论。

在许多现代岩石力学模型中，如在离散元法（discrete element method）模型和不连续变形法（discontinuous deformation analysis）模型中（Cundall PA，1988；Shi G H，1989），岩体被处理成大量岩石块体组成的系统。Kalenchuk（2006）等建立了岩石块体系统的分类、统计及描述方法（block shape characterization method）。显然，上述研究中存在两个需要讨论的基本问题：一是实际岩体在怎样的程度上确实是岩石块体的组合；二是岩石块体的统计和描述是否具有代表性。有些岩体各种裂隙（不连续面）非常发育，岩体确实被切割成了大量的岩石块体；另外一些岩体不连续面不发育，具有很好的完整性；而大多数岩体显然位于这二者之间。也就是说，岩体存在一个块体化程度的问题。一般来说对岩体物理性质的调查统计，只有在统计范围的尺寸达到或超过岩体的 REV 时，结果才具有代表性，对岩石块体的统计自然亦是如此。综上所述，与岩体密度、渗透张量等参数一样，块体化程度也会随着研究范围尺寸的变化而发生波动，从岩石块体统计的角度探讨岩体 REV 的大小也是一种确定岩体 REV 的方法。

4.2.2 各种岩体 REV 的确定

用块体百分比来确定各不同裂隙岩体的块体化程度，进而来确定 REV 的大小。正如 Bear 所讨论的孔隙度的波动规律那样，裂隙岩体的块体化程度会与孔隙度的波动具有相似的规律。当研究范围很小时，块体化程度会随研究范围大小的变化而发生剧烈的变化。研究范围达到某个定值后，块体化程度会进入相对平稳的阶段，这个定值即是典型单元体的大小。超过典型单元体后，如果块体化程度再度发生明显的变化，则所反映的是介质的非均质性。由于本次讨论的是裂隙均匀分布的岩体，研究范围超过典型单元体的大小之后，块体化程度不会再发生剧烈变动。

当考察范围与单个颗粒或单个孔隙的尺度相近时，孔隙度值会剧烈变动；当考察范围落在颗粒上时，孔隙度近似 0；当落在孔隙上时，会近于 1。因此，这时的孔隙度值没有什么意义。同样，当岩体研究范围的尺寸接近单倍裂隙间距时，块体化程度值剧烈波动，也没有什么意义。

图 4.5 (l)、(p)、(s) 等部分岩体模型中，岩体范围取 16 倍间距或者 14 倍间距，有些甚至是 12 倍间距时，由于模型形成的块体数量庞大，数据计算量过大，而计算规模受内存的制约，已超出了目前计算机可以计算的范围，但对结果的规律统计影响并不大，已经可以判断出波动的趋势。对 35 个不同模型的块体化程度分析表明，当研究范围小于 4 倍裂隙间距时几乎所有的岩体的块体化程度都在剧烈波动；当达到 4 倍间距时，裂隙比较密、裂隙长度比较大的岩体的块体化程度开始稳定；当研究范围达到 12 倍裂隙间

距时所有的岩体的块体化程度都开始稳定。同时也分析了块体化程度与裂隙长度的关系，但没有发现明确的对应关系。由于 REV 对于裂隙直径不敏感，因此，书中忽略裂隙直径对 REV 的影响，主要研究 REV 与裂隙间距的关系。

如果把块体程度波动范围不超过 10% 时的点定为开始稳定的点，把这时的研究范围的长度定义为该岩体的表征单元体的大小。从图 4.7 中，可以初步认为，对于所有的 35 种岩体模型，从块体化程度的角度上看，有一部分裂隙参数下的岩体被视为连续性介质，其余大多数裂隙岩体的表征单元体的大小在 4~12 倍间距之间，不超过 12 倍间距。

35 种岩体模型的 REV 值见表 4.4。这样，统计出 35 个岩体模型达到稳定时的块体化程度结果见表 4.5。

表 4.4　35 种不同裂隙参数的岩体模型 REV 表

REV值/倍间距 直径/m ＼ 间距/m	0.02	0.04	0.13	0.4	1.3	4	6
20	10	6	6	8	8	4	2
15	10	4	4	6	10	2	2
6.5	6	6	6	6	6	2	2
2	6	8	10	6	2	4	4
1	6	4	8	2	2	4	4

表 4.5　35 个岩体模型的块体化程度总表

延展情况	不同间距下的块体化程度						
	极密间距 $C=0.02m$	很密间距 $C=0.04m$	密间距 $C=0.13m$	中等间距 $C=0.4m$	宽间距 $C=1.3m$	很宽间距 $C=4m$	极宽间距 $C=6m$
非常高延展性的 $D=20.0m$	99.54%	98.49%	97.94%	96.03%	85.90%	13.88%	6.73%
高延展性的 $D=15.0m$	99.27%	98.29%	97.46%	95.84%	72.91%	5.58%	0.31%
中等延展性的 $D=6.5m$	98.24%	97.33%	93.58%	83.57%	6.46%	0.11%	0.03%
低延展性的 $D=2.0m$	97.94%	95.31%	83.61%	6.84%	0.14%	1.20E-08	1.78E-10
非常低延展性的 $D=1.0m$	94.82%	92.19%	36.87%	0.18%	5.13E-05	1.03E-07	1.74E-09

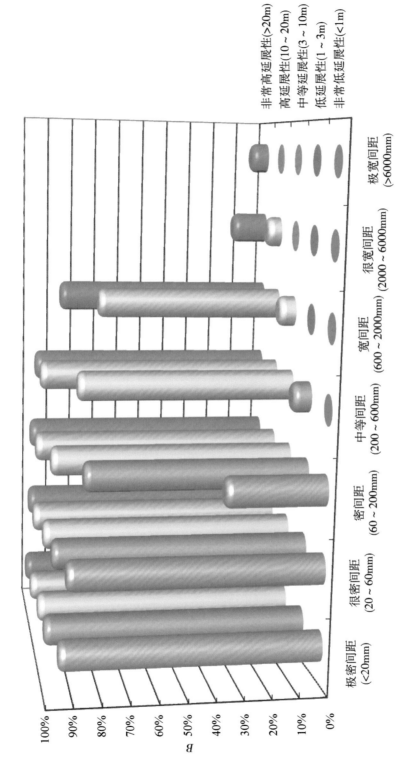

图 4.7 35 个岩体模型的块体化程度汇总图

4.3　地下电站主厂房围岩裂隙三维模型

在岩体工程中出现的工程地质事故，大部分与结构面有关，岩体中的裂隙发育程度是决定岩体工程性质的一个重要因素。由于结构面的存在，不仅破坏了岩体的完整性，而且直接影响岩体的力学性质以及应力分布状态。因此，准确地把握、描述岩体中的裂隙网络是建立可靠的岩体力学模型的基础。

水电工程中的大坝基础、拱坝坝肩、地下厂房等重要工程部位，由于调查程度比较高，对延伸50m以上的大裂隙（断层）一般可以通过地面测绘、钻孔、勘探平硐等手段进行较好地掌握。但是，绝大多数的裂隙，因为数量庞大，无法查清每条裂隙个体的几何特征，只能从整体上确定其在研究范围内的数量、平均大小、总体方位等。而且只能对有限的岩体露头进行观测，很难展现三维岩体结构的全貌。因此，通过有限的野外露头数据，对三维岩体结构进行计算机模拟，展现裂隙的三维形态。

三峡地下电站厂房裂隙数量众多，无法弄清每个裂隙个体的几何特征，而是从整体上确定这些裂隙在一定范围内的密度、平均大小、总体方向等。这时把他们的参数看作是随机变量，定量描述时做成的模型是随机模型。这样可以把裂隙的几何参数处理为随机变量，建立随机的裂隙网络模型。

4.3.1　裂隙网络模拟过程

裂隙网络模拟研究过程一般包括以下三个环节（于青春等，2003）：①在野外采样的基础上对裂隙样本进行统计分析，包括对样本进行分组和各组样本随机变量（如走向、倾向、倾角、间距、迹长等）的统计；②对样本分布形式进行拟合检验，判断各随机变量的统计分布形式及分布参数；③根据裂隙各随机变量的统计分布形式，生成符合裂隙分布规律的随机数，并以此生成裂隙网络图。

根据三峡地下电站厂房岩体上游观测面上裂隙的实际测量，测量出每条裂隙的产状，迹长，对裂隙按照其方向进行分组。岩体中裂隙的方向，通常不是很有规律也不是完全的杂乱无章。通常观察在一个观测面上的裂隙会近似平行于 3～5 个平面。可以把方向比较接近的裂隙划分为一组，即裂隙的分组是按其方向性进行的。裂隙的方向可以直接在露头上观测，但如果对露头上的观测数据直接统计确定裂隙的平均方向和分布特征会存在一定的误差，这是因为在露头面上那些与露头垂直的裂隙更容易与露头面相交而显得数量多。相反那些与露头面平行的裂隙因为很少在露头上出现，其统计数量会少。因此，裂隙产状的统计误差的分析校正是一个重要的过程。对裂隙校正后，照其方向性进行分组，分别计算出厂房每组裂隙的平均产状、长度等几何参数及密度分布函数。对电站编录面上的裂隙分组后，分别计算出厂房观测面上每组裂隙的方向、长度等几何参数及密度。对每组裂隙，分别求出它的均值和方差，同时对每组裂隙长度的分布形式进行拟合，并做皮尔逊检验（盛骤，1989）。这样就可判断厂房岩体的裂隙模型中裂隙方向和长度的分布形式，根据每组裂隙的数量、平均方向和裂隙迹长的均值、标准差、一维密度的值，应用蒙特卡洛法原理来拟合实测的厂房上游的二维裂隙编录图，当所建模型的每组裂隙的条数、平均方向和裂隙迹长的均值、标准差、一维密度和实测厂房上游编录面上的这些参数的值十分吻合时，即认为建立地下电站厂房的三维裂隙网络模型是合理的。图 4.8 为裂隙网络模拟过程流程图。

模拟过程需要注意以下几点：

（1）裂隙直径的均值和标准差用猜测值进行初始化，如可采用迹线长度的均值和标准差。

（2）为避免边界效应，裂隙产生的范围要比实际的研究范围稍大。

（3）对模拟裂隙进行抽样统计时，抽样条件要与野外相一致，即抽样面要与野外露头在大小、方向、形状上相同。

（4）在拟合野外数据时考虑如下各参数：①露头面上裂隙迹线长度的平均值和标准差；②测线上的一维视密度；③露头上裂隙的二维密度。

4.3.2 裂隙的空间位置

利用三峡地质大队绘制的三峡地下电站厂房上游边墙的编录图，如图 4.9 所示，编录的面积近 $9300 \mathrm{m}^2$，共编录了 708 条裂隙。

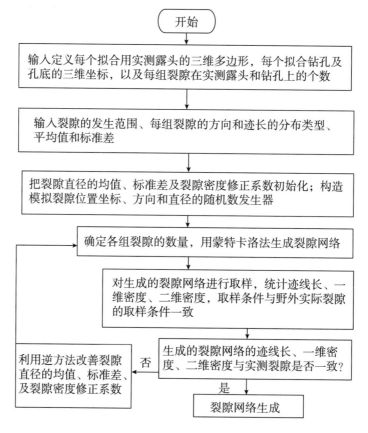

图 4.8　裂隙网络模拟过程流程图

4.3.3　裂隙的分组和方向性

根据裂隙编录图对每个裂隙进行分组，裂隙的分组是按方向性进行的。利用分析裂隙方向性的计算机软件 JOINT - OKY 软件（Yu Qingchun，2000）按裂隙方向性对裂隙进行分组。分组后选择一个适当的分布函数拟合每组裂隙的极点分布以确定分布函数中的未知参数，以下采用最常用的描述裂隙方向分布形式 Fisher 分布。

运用 JOINT - OKY 软件和实测裂隙数据，将实测裂隙分为 3 组，做出实测裂隙的分组极点图，如图 4.10 所示。通过分组，厂房上游编录面的 708 条裂隙可以分为三组，第一组有 267 条裂隙，κ 值是 10.188，平均产状为 83.0°∠39.8°；第二组有 231 条裂隙，κ 值是 7.908，平均产状为 266.3° ∠46.2°；第三组有 210 条裂隙，κ 值是 10.149，平均产状为 349.0°∠74.8°。

图 4.9 三峡地下电站厂房上游边墙裂隙编录图

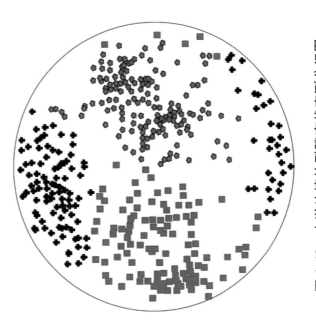

图 4.10 上游边墙的裂隙产状实测分组图

确定了各组裂隙的分布参数后，就可以得到裂隙方向的 Fisher 分布函数表达式，就可以构造裂隙方向 Fisher 分布的随机发生器。在所建的模型中，也按照这样的分布方式来产生模型裂隙，为裂隙网络模拟奠定基础。

4.3.4　裂隙迹线长度分布

按照分组对三峡地下电站厂房编录面裂隙迹长进行统计计算，得出第一组裂隙迹长的均值是 8.054m，标准差是 5.982m；第二组迹长的均值是 7.923m，标准差是 5.545m；第三组迹长的均值是 8.155m，标准差是 7.323m。对每组裂隙迹长作直方图，经过皮尔逊检验，证明迹长分布服从对数正态分布，用对数正态分布函数进行拟合，如图 4.11 所示。

4.3.5　三维不连续裂隙网络的建立

在岩体裂隙网络的建立时，遵循以下步骤：

（1）对研究区域的裂隙分布进行实地测量绘制编录图。

（2）对统计好的测量数据进行校正。对裂隙进行分组统计分析，然后建立裂隙的概率模型，确定概率模型中的各项参数。

（3）应用蒙特卡洛法（Monte-Carlo）进行随机抽样，蒙特卡洛法的核心是建立概率模型，通过计算机生成伪随机数，经过适当数学变换产生概率模型的随机变量。模拟出裂隙的条数、中心位置、迹长、产状等要素。

（4）对各组裂隙的三维模拟结果进行检验，最后，生成岩体裂隙网络模型。

通过以上的分析研究，我们得出了以下结论：

（1）得到了裂隙的方向分布函数。

（2）得到了裂隙迹线长度的分布函数为对数正态分布，这样就可以近似的认为裂隙直径的分布函数也为对数正态分布，且可以将裂隙直径均值的近似值和裂隙迹线长度的标准差作为模型的初始值。

（3）用测线得到编录面的一维视密度，这样就可以得出模拟产生的裂隙数。根据以上参数，应用逆建模方法建立地下电站厂房上游边墙三维不连续裂隙网络模型。建模时需要给定的裂隙参数包括空间位置、裂隙面直径大小、方向和三维密度具体数值（见表 4.6）。图 4.12 为模拟产生的裂隙网络，图 4.13 为模拟裂隙图。

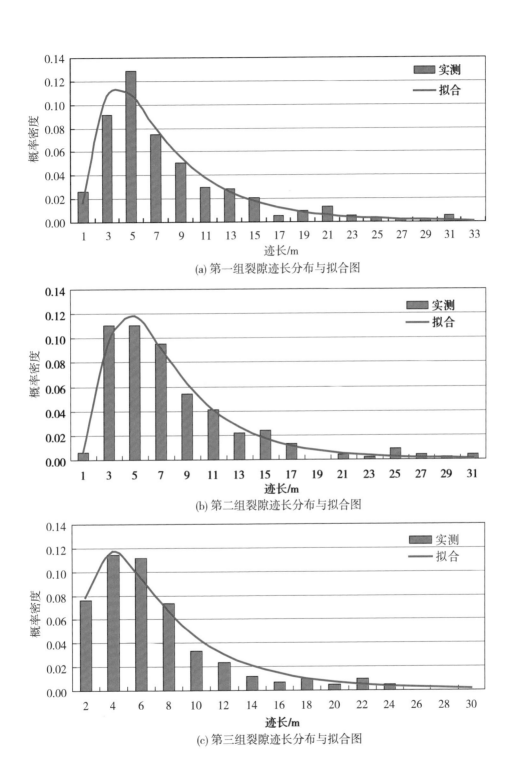

(a) 第一组裂隙迹长分布与拟合图

(b) 第二组裂隙迹长分布与拟合图

(c) 第三组裂隙迹长分布与拟合图

图 4.11 实测裂隙迹线长度的概率分布直方图与其拟合的密度函数曲线

表 4.6 三峡地下电站厂房三维裂隙网络模型参数表

裂隙组号	1	2	3
长度分布形式	对数正态	对数正态	对数正态
产状分布形式	Fisher	Fisher	Fisher
产状 Fisher 参数 κ	9.50	7.80	10.49
平均倾向/(°)	80.07°	261.77°	355.76°
平均倾角/(°)	40.22°	47.52°	71.70°
半径均值/m	4.48	4.81	5.19
半径标准差	2.98	2.81	2.92
三维密度/(条/m³)	0.002834	0.002626	0.002775

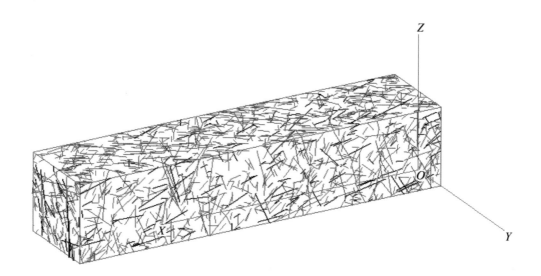

图 4.12 三峡地下电站厂房模型三维裂隙网络（模型尺寸为：350m×80m×70m）

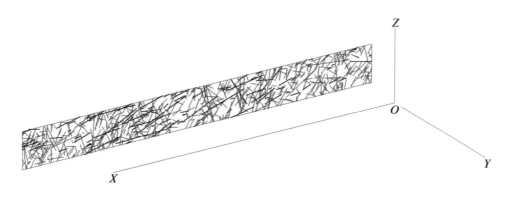

图 4.13 三峡地下电站厂房上游边墙模拟裂隙图

图 4.14 是对实测和模拟数据进行对比分析。表 4.7 为三峡地下电站厂房开挖面上实测数据和模拟数据之间的对比，并通过各组裂隙实测迹长和模拟迹长的分布图进行对比（图 4.15），发现各项指标值都吻合得比较好，所建模型迹线长度的均值和标准差等都十分接近，因此认为所建的三峡地下厂房裂隙模型是合理的。

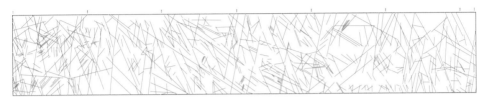

(a) 三峡地下电站厂房上游边墙实测裂隙图（310m×30m）

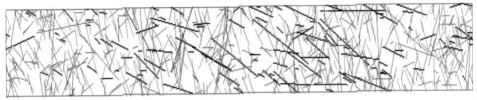

(b) 三峡地下电站厂房上游边墙模拟裂隙图（310m×30m）

图 4.14 三峡地下电站厂房二维实测和模拟露头对比

表 4.7 三峡地下电站厂房上游边墙裂隙实测数据和模拟数据之间的对比

	组 号	1	2	3
实测	裂隙数/条	267	231	210
	迹长均值/m	8.054	7.923	8.155
	迹长方差/m	5.982	5.545	7.323
	Fisher 分布 κ	10.19	7.91	10.15
	倾向/(°)	83.02	266.29	349.00
	倾角/(°)	39.84	46.17	74.79
模拟	裂隙数/条	261	238	205
	迹长均值/m	8.005	8.187	7.994
	迹长方差/m	6.763	5.680	6.081
	Fisher 分布 κ	9.50	7.80	10.49
	倾向/(°)	80.07	261.77	355.76
	倾角/(°)	40.22	47.52	71.70

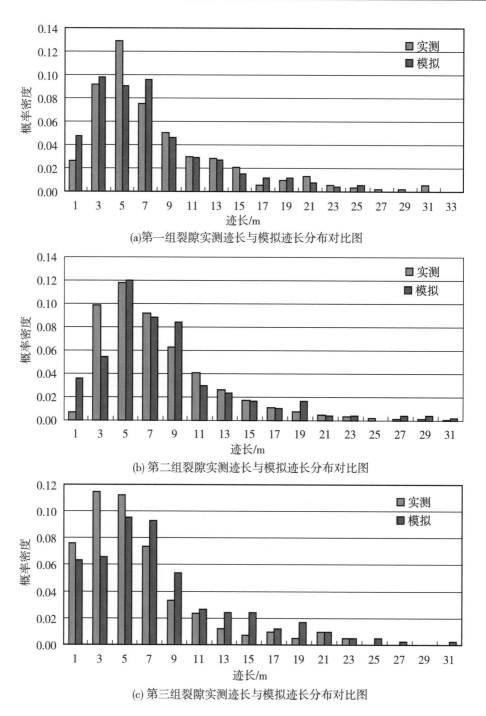

(a)第一组裂隙实测迹长与模拟迹长分布对比图

(b) 第二组裂隙实测迹长与模拟迹长分布对比图

(c) 第三组裂隙实测迹长与模拟迹长分布对比图

图 4.15　三组裂隙实测迹线与模拟迹长分布对比图

以上通过对三峡电站厂房上游边墙编录面上的 708 条裂隙进行了统计分析，得出其裂隙按产状可分为三组，且三组裂隙服从 Fisher 分布。然后按照产状分组后做裂隙长度的概率分布直方图。通过观察后假定三组裂隙迹长符合对数正态分布，然后对其进行了 χ^2 检验，检测结果表明，三组裂隙符合对数正态分布。三组裂隙直径的均值分别为 8.96m、9.62m、10.37m，相应的标准差分别为 5.95m、5.63m、5.84m。

采用了逆建模方法建模，把上游边墙编录面的统计计算结果作为初始值，运用调参优化的方法对模型进行校正，直到模型能够比较准确的再现野外实际观测情况。通过对比实测厂房上游边墙与模拟露头，实测裂隙与模拟裂隙在迹长均值，标准差、数量等都十分接近，说明建立的模型比较合理。

4.4 地下电站主厂房围岩块体化程度

根据上述的裂隙网络三维模型，地下电站厂房岩体三组裂隙的平均直径分别为 8.96m、9.62m、10.37m，三维密度分别为 $0.002834\mathrm{m}^{-3}$、$0.002626\mathrm{m}^{-3}$、$0.002775\mathrm{m}^{-3}$。以下我们将利用这些参数模拟岩体中的裂隙，然后对三峡工程地下电站主厂房的岩体块体化程度进行分析讨论。

4.4.1 围岩块体化程度的计算

根据式（4.4），得到模拟生成的厂房裂隙的一维密度分别为 $0.1787\mathrm{m}^{-1}$、$0.1908\mathrm{m}^{-1}$、$0.2343\mathrm{m}^{-1}$，平均间距分别为 5.60m、5.24m、4.27m。对地下电站主厂房岩体模型，模型的范围选取从 2 倍裂隙间距一直取到 12 倍裂隙间距，并采用了多次随机实现以减小误差的方法。

在 GeneralBlock 软件中输入各组裂隙的随机参数，参考值见表 4.6。图 4.16 为程序中随机裂隙的模拟生成界面，裂隙生成的范围比模型的研究范围稍大，生成三组随机裂隙。需要输入裂隙的参数包括：半径、张开宽度、黏滞系数、摩擦角、产状分布、三维密度。参数的分布形式可以是平均分布、代码为 1，正态分布、代码为 2，对数正态分布、代码为 3，负指数分布、代码为 4。上述中得出裂隙按产状可分为三组，三组裂隙迹长符合对数正态分布，因此，此处代码为 3。图 4.17 为地下电站主厂房围岩裂隙迹线计算及三维显示窗口。

Random Fracture Distribution Dlg

Stochastic Fracture Edit

Generation Range for Stochastic Fractures

| MinX | -100 | MaxX | 20 | MinY | -20 | MaxY | 370 | MinZ | -20 | MaxZ | 90 |

Random-data seed　No. (1~100) | 1 |

Group selection　Group　1　▶　　　Delete selected group　　Add one new group

	Mean		Std.		Min.		Max.		Distr.Type	
Radius(m):	Mean	4.665	Std.	1.025	Min.	1	Max.	30	Distr.Type	3
Aperture(mm):	Mean	0.02	Std.	0.0002	Min.	0.01	Max.	0.05	Distr.Type	3
Cohesion(kgf/cm/cm):	Mean	0.2	Std.	0.05	Min.	0.01	Max.	0.3	Distr.Type	3
Friction angle(deg)	Mean	30	Std.	2	Min.	10	Max.	40	Distr.Type	3
Dip-direction(deg):	Mean	67.56	Kaba	29.7	Min.	0	Max.	360		
Dip(deg):	Mean	58.68	Kaba	29.7	Min.	0	Max.	90		
3D density(1/m3)	Mean	0.0013								

*Distr. Type: Uniform = 1; Normal = 2; Lognormal = 3; Exponential = 4

Save parameters　　　Fracture generation

Close

图 4.16　随机裂隙生成界面

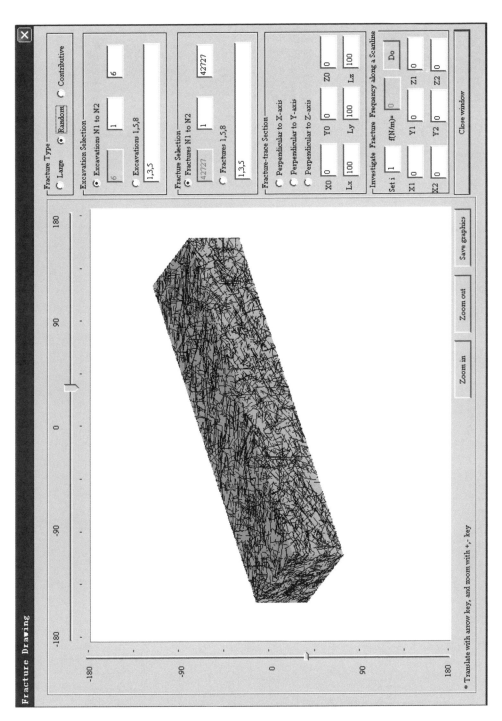

图 4.17　地下电站主厂房围岩裂隙迹线计算及三维显示窗口

图 4.18 展示了地下电站主厂房围岩裂隙模型取模型范围不同时，岩体被切割的情况，模型范围选择了 4 倍、6 倍、8 倍、10 倍、12 倍间距。

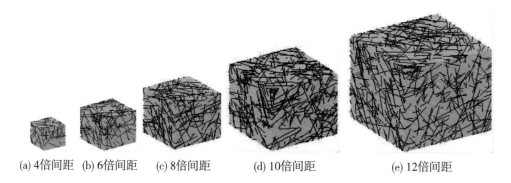

(a) 4倍间距 (b) 6倍间距　(c) 8倍间距　　(d) 10倍间距　　　　(e) 12倍间距

图 4.18　不同模型范围的地下电站主厂房三维裂隙网络图

利用软件对裂隙模型进行块体识别及块体统计分析，进而研究地下电站主厂房围岩块体化程度的波动情况。图 4.19 是图 4.18 中所示的模型的块体发育情况。图 4.19 中可以看出，地下电站主厂房围岩的岩体完整性较好，模型内部几乎没有形成块体。对该模型不同研究范围下的块体化程度进行计算，图 4.20 展示了地下电站主厂房围岩裂隙模型块体化程度随研究范围的波动情况。

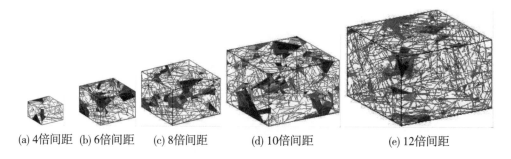

(a) 4倍间距 (b) 6倍间距　(c) 8倍间距　　(d) 10倍间距　　　　(e) 12倍间距

图 4.19　不同模型范围的地下电站主厂房岩体模型形成块体情况

4.4.2　围岩块体化程度的比较与分析

从图 4.20 可以看出，三峡工程地下电站主厂房围岩的块体化程度只有 4‰，围岩中裂隙密度小，对岩体切割不严重，裂隙的间距与直径构不成形成块体的基本条件，形不成大量块体，块体在岩体中只是偶然现象，块体的总体积在整个岩体中只占很小的比例。地下电站主厂房围岩的块体化程度非

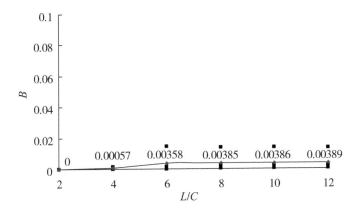

图 4.20 地下电站主厂房围岩裂隙模型块体化程度与研究尺寸的关系

常低，岩体的整体质量非常好，围岩的稳定性较好。三峡工程地下电站开挖的实际情况也验证了这一结论，在开挖过程中发现由随机裂隙形成的岩石块体非常少。

根据以上的模型计算，得到各组裂隙平均直径分别为 8.96m、9.62m、10.37m，平均间距分别为 5.60m、5.24m、4.27m。根据国际岩石力学学会公布的岩体裂隙迹线长度分类表和裂隙间距分类的建议值（见表 4.1 和表 4.2），三峡地下电站主厂房围岩岩体裂隙迹长属于中等延展性和高延展性的范畴，岩体裂隙间距属于很宽间距的范畴。查 35 个岩体模型的块体化程度总表（见表 4.5），可见很宽间距、中等延展性岩体模型和很宽间距、高延展性岩体模型的块体化程度都很低。

综上所述，35 种岩体结构中的中等长度很宽间距裂隙岩体的块体化程度计算结果和三峡地下电站主厂房围岩块体化程度的计算结论相一致。可见，35 种岩体块体化程度的计算分析对今后各种岩体结构完整性的预测有很好的指导意义，能对量化各工程研究区岩体整体质量提供参考。

参考文献

陈乃明，刘宝琛. 块体理论的发展 [J]. 矿冶工程，1993，13（4）：15 - 18.

董学晟. 工程岩体稳定与块体理论 [J]. 长江科学院院报，1987（1）：1 - 7.

方玉树. 地下工程围岩中不稳定性块体的判断和锚喷支护计算方法 [C] //全国第三次工程地质大会论文选集（上卷）. 成都：成都科技大学出版社，1988：575 - 580.

韩爱果，聂德新，孙冠平，等. 岩体结构研究中结构面间距取值方法探讨 [J]. 岩石力学与工程学报，2003，22（增2）：2575 - 2577.

黄正加，邬爱清，盛谦. 块体理论在三峡工程中的应用 [J]. 岩石力学与工程学报，2001，20（5）：648 - 652.

李爱兵. 块体理论在边坡稳定性分析中的应用 [J]. 长沙矿山研究院，1989，9（2）：41 - 46.

刘锦华，吕祖珩. 块体理论在工程岩体稳定性分析中的应用 [M]. 北京：水利电力出版社，1988.

刘晓非. 裂隙岩体块体化程度研究 [D]. 北京：中国地质大学（北京），2010.

刘晓非，陈又华，李茂华，等. 三峡工程坝区岩体三维不稳定岩石块体研究 [C] //第三届全国岩土与工程学术大会论文集. 2009：376 - 381.

刘佑荣，唐辉明. 岩体力学 [M]. 武汉：中国地质大学出版社，1999.

缪协兴. 分析岩体稳定性的块体理论 [J]. 矿山压力与顶板管理，1989（1）：64 - 66.

潘欢迎，万军伟，梁杏. 岩体裂隙率典型单元体确定方法探讨 [J]. 水利水电科技进展，2006，26（5）：18 - 22.

盛谦，黄正加，邬爱清. 三峡工程地下厂房随机块体稳定性分析 [J]. 岩土力学，2002，23（6）：747 - 749.

石安池，朱焕春. 三峡工程永久船闸高边坡破坏块体分布规律及其形成机制 [J]. 人民长江，1996，27（10）：5 - 7.

石根华. 岩体稳定分析的赤平投影方法 [J]. 中国科学，1977（3）：260 - 271.

王思敬，杨志法，刘竹华，等. 地下工程岩体稳定性分析 [M]. 北京：科学出版社，1984.

王家祥，叶圣生，周质荣，等. 三峡地下电站主厂房顶拱块体模式及加固对策 [J]. 人民长江，2007，38（9）：63 - 68.

汪卫明，陈胜宏. 三维岩石块体系统的自动识别方法 [J]. 武汉水利电力大学学报，

1998，31（5）：51 - 55.

魏继红，吴继敏，陈显春，等. 块体理论在高速公路连拱隧道超挖预测中的应用 [J]. 水文地质工程地质，2005，32（5）：60 - 63.

夏露，刘晓非，于青春. 基于块体化程度确定裂隙岩体表征单元体 [J]. 岩土力学，2010，31（12）：3991 - 3996.

夏露，李茂华，陈又华，王家祥，于青春. 三峡地下厂房顶拱典型块体研究 [J]. 岩石力学与工程学报，2011，30（S1）：3089 - 3095.

向文飞，周创兵. 裂隙岩体表征单元体研究进展 [J]. 岩石力学与工程学报，2005，24（2）：5686 - 5692.

肖诗荣，宋肖冰. 三峡工程右岸地下厂房围岩稳定性研究 [C] //新世纪岩石力学与工程的开拓和发展——第六次全国岩石力学与工程学术大会论文. 北京：中国科学技术出版社，2001.

徐光黎，潘别桐，唐辉明，等. 岩体结构模型与应用 [M]. 武汉：中国地质大学出版社，1993.

徐磊，任青文，叶志才，等. 岩体结构面三维表面形貌的尺寸效应研究 [J]. 武汉理工大学学报，2008，30（4）：103 - 105.

许强，等. 边坡块体稳定性分析系统用户手册 [R]. 1998.

薛果夫，满作武. 长江三峡水利枢纽工程地质勘察与研究 [M]. 北京：中国地质大学出版社，2008.

殷德胜，汪卫明，陈胜宏. 三维岩石随机裂隙网络的块体自动识别 [J]. 长江科学院院报，2008，25（5）：72 - 74.

殷跃平. 三峡库区边坡结构及失稳模式研究 [J]. 工程地质学报，2005，12（3）：145 - 154.

于青春，陈德基，薛果夫，等. 裂隙岩体一般块体理论初步 [J]. 水文地质工程地质，2005，32（6）：42 - 48.

于青春，大西有三. 岩体三维不连续裂隙网络及其逆建模方法 [J]. 地球科学-中国地质大学学报，2003，28（5）：522 - 526.

于青春，薛果夫，陈德基，等. 裂隙岩体一般块体理论 [M]. 北京：中国水利水电出版社，2007.

臧士勇. 块体理论及其在采场巷道稳定性分析中的应用 [J]. 昆明理工大学学报，1997，22（4）：9 - 15.

张发明，贾志欣，陈祖煜. 开挖边坡随机楔体稳定分析与加锚优化方法 [J]. 水文地质工程地质，2002（5）：15 - 18.

张贵科，徐卫亚. 裂隙网络模拟与 REV 尺度研究 [J]. 岩土力学，2008，29（6）：1675 -

1680.

张菊明，王思敬. 边坡岩体结构的三维失稳形式及稳定性分析研究 [J]. 工程地质学报，1997，5（3）：242-250.

张奇华. 块体理论的应用基础研究与软件开发 [D]. 武汉：武汉大学，2004.

张奇华，邬爱清. 随机结构面切割下的全空间块体拓扑搜索一般方法 [J]. 岩石力学与工程学报，2007，26（10）：2043-2048.

张子新，孙钧. 块体理论赤平解析法及其在硐室稳定分析中的应用 [J]. 岩石力学与工程学报，2002，21（12）：1756-1760.

邹俊. 三峡永久船闸边坡不稳定块体处理 [J]. 中国三峡建设，2000（7）：19-20.

ArildPalmstrom. Measurements of and correlations between block size and rock quality designation [J]. Tunnelling and Underground Space Technoloty, 2005, (20): 362-377.

Baecher G B, Lanney N A. Trace length biases in joint surveys [C] // Proc. 19th U. S. Symposium on Rock Mechanics, AIME. New York: [s. n.], 1978: 56-65.

BEAR J. 多孔介质流体动力学 [M]. 李竞生，陈崇希译. 北京：中国建筑工业出版社，1983.

Cundall P A. Formulation of a three-dimensional distinct element model-part 1. A scheme to detect and represent contacts in a system composed of many polyhedral blocks [J]. International Journal of Rock Mechanics and Mining Science & Geomechanics Abstracts, 1988, 25 (3): 107-116.

Dershowitz W S. Rock joint systems [D]. Cambridge: Massachusetts Institute of Technology, 1984.

Goodman R E, ASCE M, Chris Powell. Investigations of blocks in foundations and abutments of concrete dams [J]. Journal of Geotechnical & Geoenvironmental Engineering, 2003, 129 (2): 105-126.

Goodman R E, Shi G H. Geology and rock slope stability-application of the key block concept for rock slopes [C] //Proc. 3rd International Conferences on Stability in Surface Mining (AIME/SME, NEW YORK), 1982: 347-373.

Goodman R E, Shi G H. Block theory and its application to rock engineering [M]. New York: Prentice Hall, 1985.

Hatzor Y H, ASCE M. Keyblock stability in seismically active rock slopes-Snake Path Cliff, Masada [J]. Journal of Geotechnical & Geoenvironmental Engineering, 2003, 129 (8): 697-710.

Heliot D. Generating a blocky rock mass [J]. International Journal of Rock Mechanics and Mining Science & Geomechanics Abstracts, 1988, 25 (3): 127 – 138.

Hoerger S F. Probabilistic and deterministic keyblock analysis for excavation design [D]. Holden: Michigan Technological University, 1988.

Ikegawa Y, Hudson J A. A novel automatic identification system for three – dimensional multi – block systems [J]. Engineering Computations, 1992, 9 (2): 169 – 179.

ISRM. Suggested methods for the quantitative description of discontinuities in rock masses [J]. International Journal of Rock Mechanics and Mining Sciences & Geomechanics Abstracts, 1978, 15 (6): 319 – 368.

Jesse L, Yow J r. Analysis and observation of keyblock occurrence in tunnels in granite [C] //Proc. 27th U. S. Symposium on Rock Mechanics, 1986: 827 – 833.

Jing L, Stephansson O. Topological identification of block assemblages for jointed rock mass [J]. International Journal of Rock Mechanics and Mining Science & Geomechanics Abstracts, 1994, 31 (2): 163 – 172.

Jing L. Block system construction for three – dimensional discrete element models of fractured rocks [J]. International Journal of Rock Mechanics and Mining Science, 2000, 37 (4): 645 – 659.

Katherine S K, Mark S D, Steve McKinnon. Characterizing block geometry in jointed rock*m*asses [J]. International Journal of Rock Mechanics and Mining Sciences, 2006, 43 (8): 1212 – 1225.

Kottenstette J T. Block theory techniques used in arch dam foundations stability analysis [J]. International Journal of Rock Mechanics and Mining Science, 1997, 34 (3 – 4): 163.

Kulatilake P H S W, Wathugala D N M, Stephansson O. Joint network modeling with a validation exercise in strip mine, Sweden [J]. International Journal of Rock Mechanics and Mining Science & Geomechanics Abstracts, 1993, 30 (5): 503 – 526.

Kuszmaul J S. Estimating keyblock sizes in underground excavations: accounting for joint set spacing [J]. International Journal of Rock Mechanics and Mining Sciences, 1999, (36): 217 – 232.

Lee I M and Park J K, Stability analysis of tunnel keyblock: A case study [J]. Tunnelling and underground space technology, 2000, 15 (4): 453 – 462.

Lin D, Fairhurst C. Static analysis of the stability of three – dimensional blocky systems around excavation in rock [J]. International Journal of Rock Mechanics and Mining

Science & Geomechanics Abstracts, 1988, 25 (3): 139 – 147.

Lin D, Fairhurst C, Starfield A M. Geometrical identification of three – dimensional rock block system using topological techniques [J]. International Journal of Rock Mechanics and Mining Science & Geomechanics Abstracts, 1987, 24 (6): 331 – 338.

Long J C S. Porous media equivalents for networks of discontinuous fractures [J]. Water Resources Research, 1982, 18 (3): 645 – 658.

Priest S D. Determination of discontinuity size distribution from scan – line data [J]. Rock Mechanics and Rock Engineering, 2004, 37 (5): 347 – 368.

Shi G H. Discontinuous Deformation Analysis, A new numerical model for the statics and dynamics of block systems [D]. Berkeley: University of California, 1989.

Shi G H, Goodman R E. A new concept for support of underground and surface excavation in discontinuous rocks based on a keystone principle [C] //Proc. 22th U. S. Symposium on Rock Mechanics, 1981: 310 – 316.

Shi G H, Goodman R E. A geometric method for stability analysis of discontinuous rocks [J]. Scientia Sinica, 1982, 25 (3): 318 – 336.

Wang M, Kulatilake P H S W. Estimation of REV size and three – dimensional hydraulic conductivity tensor for a fractured rock mass through a single well packer test and discrete fracture fluid flow modeling [J]. International Journal of Rock Mechanics and Mining Sciences, 2002, 39 (7): 887 – 904.

Warburton P M. Vector stability analysis of an arbitrary polyhedral rock block with any number of free faces [J]. International Journal of Rock Mechanics and Mining Sciences & Geomechanics Abstracts. 1981, 18 (5): 415 – 427.

Xia L, Li M H, Zheng Y H, Yu Q. Blockiness level of rock mass around underground powerhouse of Three Gorges Project [J]. Tunnelling and Underground Space Technology, 2015, 48: 67 – 76.

Xia L, Yu Q C, Chen Y H, Li M H, Xue G F, Chen D J. GeneralBlock: A C++ Program for Identifying and Analyzing Rock Blocks Formed by Finite – Sized Fractures, IFIP Advances in Information and Communication Technology, ISESS 2015, 448: 512 – 519.

Yu Q C. Analysis for fluid flow and solute transport in discrete fracture network: [Ph. D. thesis], Kyoto: Kyoto University, 2000.

Zhang L, Einstein H H. Estimating the intensity of rock discontinuities [J]. International Journal of Rock Mechanics and Mining Science & Geomechanics Abstracts,

2000，37 (5)：819 – 837.

Zheng Y H，Xia L，Yu Q C. A method for identifying three – dimensional rock blocks formed by curved fractures [J]. Computers and Geotechnics，2015，65：1 – 11.